L'AQUARELLE

(PAYSAGE)

Mâcon, Protat frères, imprimeurs.

PETITE
BIBLIOTHÈQUE ILLUSTRÉE DE L'ENSEIGNEMENT PRATIQUE
DES BEAUX-ARTS
PUBLIÉE PAR ET SOUS LA DIRECTION DE
KARL ROBERT
Officier de l'Instruction publique.

L'AQUARELLE

(PAYSAGE)

Suivie d'une appréciation critique sur quelques maitres modernes :
ALLONGÉ, G. BÉTHUNE, HARPIGNIES, ETC.

PRIX : 1 FRANC 50

PARIS
H. LAURENS, ÉDITEUR
6, RUE DE TOURNON, 6

1892

A

MON CHER MAITRE

ALLONGÉ

Hommage respectueux.

KARL ROBERT

L'AQUARELLE

SON ORIGINE. — SON CARACTÈRE PROPRE

Ne vous semble-t-il pas intéressant, ami lecteur, avant de regarder autour de nous, de jeter un coup d'œil en arrière pour rechercher l'origine de cet art devenu si moderne et si parfait de nos jours qu'il ne paraît pas devoir être dépassé ? Aussi bien, il remonte loin, fort loin, et l'on peut affirmer qu'en tous pays l'aquarelle a précédé la peinture à l'huile, les premiers peintres ayant été les enlumineurs de livres sacrés ou profanes dont les couleurs étaient broyées à l'eau. Mais ces couleurs, pour la plupart délayées à l'eau gommée, étaient appliquées en plusieurs couches par les mêmes procédés que les peintures en détrempe et constituaient de véritables miniatures gouachées.

Ce n'est qu'au commencement du xviie siècle, qu'étendant davantage les couleurs d'eau pure sans gomme ni blanc en pâte, les artistes en usèrent en teintes plates pour composer ou faire leurs esquisses. Ce furent les lavis proprement dits à la sépia et au bistre. Peu d'aquarelles en plusieurs teintes furent exécutées à cette époque, et il faut passer à la fin du xviiie siècle pour trouver des efforts nouveaux en ce genre, efforts qui ne sont dus, croyons-nous, qu'à la fantaisie du moment et au besoin de plaire davantage aux acheteurs du temps, en flattant leur goût par le charme des gravures en couleur. C'est l'époque des Fragonard, des Taunay, des Cochin, des Eisen, des Saint-Aubin et des Moreau le Jeune. Le goût des gravures en couleur ne devait-il pas forcément amener ces maîtres à chercher à rendre du premier jet leur pensée sans le secours du dessin préalable, à l'aide du pinceau et des couleurs à l'eau, puis à faire de leurs œuvres de petits tableaux, véritables monuments de l'architecture, des costumes et des mœurs du temps ? Et voyez comme le procédé les préoccupe peu : les uns, avec Debucourt, lavent en pleine eau une teinte

légère ; d'autres, comme Saint-Aubin, rehaussent
légèrement de gouache pour obtenir des accents

spirituels et lumineux. Le besoin de faire délicat
et précis transforme après eux l'aquarelle en

miniature où excelleront les imitateurs de Peti-
·tot, et ce n'est que cinquante ans plus tard que
cet art se réveille à nouveau par le jet impatient
de l'esquisse avec les romantiques, en particulier avec Bonington, Isabey, Eugène Delacroix,
Robert Fleury le père et Decamps, après avoir
passé par les mains calmes et délicates des
Redouté, des Van Spaendonck et de Mme Her-
belin, le maître et l'inspirateur de la plus éton-
nante palette de ces temps-ci, Madeleine
Lemaire.

On a dit, avec un semblant de raison, que
considérée comme branche de l'art, l'aquarelle
ne saurait être mise sérieusement en parallèle
avec la peinture à l'huile. C'est là une erreur si
l'on considère l'aquarelle au point de vue du
tableau de chevalet. Certes on ne saurait entreprendre en ce genre ni décorations ni grandes
toiles, bien que, de nos jours, Gustave Doré l'ait
tenté non sans succès et qu'à proprement parler
ce sont bien des aquarelles que les grandes
esquisses exécutées par De Neuville et Detaille
pour leur panorama, esquisses terminées et formant par elles-mêmes des tableaux du plus
grand intérêt. Mais il faut reconnaître que,

réduite à des dimensions normales, l'aquarelle
possède toutes les qualités désirables pour arriver au rendu complet, à la perfection, et que,
par conséquent, elle ne saurait être inférieure à
la peinture à l'huile. Les Anglais qui, les premiers, à ce point de vue, ont manié l'aquarelle,
l'ont bien démontré en la traitant sans réserve
et s'efforçant de peindre à l'eau pour arriver à
un résultat identique à celui de la peinture, ce
qui, grâce à l'excellence de leurs produits
industriels, les a placés dès l'abord au premier
rang en ce genre.

C'est donc à l'infériorité de l'artiste et non à
celle du procédé qu'il faut attribuer cette défa-
veur octroyée à l'aquarelle dans les premiers
temps. Le degré de perfection atteint aujour-
d'hui par nos aquarellistes français, devenus les
premiers entre tous, démontre une fois de plus
qu'aucun procédé n'est inférieur dès qu'il s'agit
d'une manifestation de l'art, mais qu'il faut avant
tout y posséder l'acquit d'un talent réel, en
distinguer judicieusement l'emploi, pour l'adap-
ter de préférence là où il sera supérieur.

Rappelons-nous qu'à peine le pastel est-il mis
en œuvre que Latour, Peronneau et Chardin en

tirent des chefs-d'œuvre, égalant en ce genre les meilleurs portraits à l'huile de leur temps, et, sitôt que les couleurs d'aquarelle se perfectionnent en France, naissent les Leloir, les Worms, les Vibert, les Harpignies, qui, supérieurs à nos voisins d'outre-Manche, comme artistes créateurs et délicats, les surpasseront vite dans l'exécution et le rendu par l'emploi judicieux et fin des mêmes procédés.

Il ne faut pas, en effet, se laisser dire, comme il est d'usage, que les artistes anglais sont les premiers aquarellistes du monde, uniquement parce que les premiers, industriellement mieux outillés, ils ont poussé jusqu'à la perfection du fini leurs tableaux à l'aquarelle ; il y a plus : non seulement nous les avons grandement distancés, mais j'ajouterai que cela était logique, inévitable. L'aquarelle, en effet, est un art où l'esprit doit dominer avant tout et rendre la fougue et l'imprévu de la pensée par une touche simple, claire et transparente ; n'était-il pas naturel que la *furia franchese*, plus vraie encore en art que partout ailleurs, dut y trouver son compte, l'accaparer pour ainsi dire à son profit et s'y placer au premier rang ? Par la pureté du dessin, l'exécution, le brio du coloris et la précision, n'avons-nous pas à mettre en ligne les Leloir et Worms, Vibert, Madeleine Lemaire, Allongé, Jacquet et tant d'autres? et par la sobriété et la science est-il un seul artiste qui puisse être mis de pair avec Harpignies? Si l'on excepte l'Italien Fortuny, on doit reconnaître à nos compatriotes une supériorité réelle dans ce genre, qui, je l'ai dit, est absolument conforme au tempérament de nos artistes quand il est conservé pur dans son génie propre, et tel qu'il doit être, c'est-à-dire simple et servant à rendre rapidement et à coup sûr une pensée, une impression. Et si parfois nos artistes y veulent pousser jusqu'au fini, ils atteignent encore le premier rang, car je ne sache pas qu'on égale par ailleurs les Meissonnier, les Detaille, les Dubufe, les Flameng et les Boutet de Monvel.

Mais je ne saurais entrer ici dans une grande discussion critique avant de définir bien nettement ce qu'est et doit être l'aquarelle. Définissons-la une peinture exécutée à l'eau, où les valeurs et les effets sont rendus par transparence là où la peinture à l'huile les rendrait par empâtement. L'important pour l'amateur sera donc de bien étudier chacune de ses couleurs pour en connaître le degré de transparence, en exécutant d'abord dans chaque ton de grandes teintes plates dégradées qui lui permettront de connaître les ressources de chaque couleur et d'en apprécier la valeur au point de vue de la lumière et de la transparence. J'insisterai sur cette recherche des tons lumineux et transparents, car là est réellement toute la difficulté de l'aquarelle, les vigueurs et les noirs pouvant toujours s'obtenir par superpositions de tons, tandis que les réserves lumineuses doivent être rendues au premier coup de pinceau et maintenues telles au cours de l'exécution d'une aquarelle. Nous allons plus loin les étudier ensemble, mais il faut tout d'abord connaître bien exactement ce qu'on nomme les valeurs.

DES VALEURS

Je ne doute pas que l'amateur, avant d'entreprendre l'aquarelle, n'ait probablement dessiné, soit au fusain, soit de toute autre manière, et suffisamment observé pour connaître déjà ce qu'on nomme les valeurs, cette base indéniable du paysage. En effet, cette intensité relative de tons entre eux est ce qui établit la différence des plans ou perspective aérienne, qui donne l'effet et rend véritablement la nature sous son aspect vrai ou tout au moins vraisemblable pour le spectateur. Mais si cette relativité des tons est facilement saisissable dans le dessin et principalement le fusain où elle s'établit par une gamme décolorée dans le gris et très intense dans les vigueurs, elle est moins sensible lorsqu'on veut interpréter par la couleur; il est certain, en effet, qu'il est plus malaisé de dégrader un ton par rapport à un autre que par rapport à lui-même ; et tel saura sans difficulté rapprocher en un même ton, soit le vert, deux valeurs semblables, qui hésitera longtemps pour trouver la même valeur par la juxtaposition d'un vert et d'un jaune, ces deux couleurs n'ayant pour base, et de leur essence même, aucune propriété similaire. On peut dire que l'observation exacte et la pratique habituelle de ces différences de tons en une même valeur sont ce qui distingue le valoriste du coloriste. Vous serez coloriste si, conservant bien la qualité propre de chaque couleur, vous établissez avec sa voisine une harmonie parfaite dans sa gamme employée ; vous serez simplement valoriste si l'harmonie de vos valeurs seule est juste sans charmer par sa propriété colorante. Mais, si vous poussez au parfait cette science des valeurs, vous arriverez à faire très coloré avec une extrême sobriété de ton : ce qui me semble être le résultat le plus complet. Nous verrons plus loin des exemples, parmi les maîtres modernes, qui vous démontreront que ces deux écoles si différentes peuvent arriver au même résultat par des voies différentes. Dès maintenant cependant, nous pouvons dire que celui qui préfère l'étude approfondie des valeurs au charme de la couleur poursuit un but meilleur et plus durable. Au point de vue de l'art, s'il ne réjouit pas l'œil aussi agréablement que le coloriste, il est moins entraîné que lui à voir la nature par le menu, et son œuvre y gagne en aspect général, en grandeur, en étendue aérienne ; matériellement, étant donnée la susceptibilité des colorations à l'eau, il a plus de chance de voir ses aquarelles se maintenir dans le ton de l'exécution première, ou tout au moins, si le temps les décolore, ce sera partout en même temps et l'harmonie ne sera point rompue. Je m'explique à ce sujet : supposez une aquarelle d'un brillant coloriste, exécutée finement, et par le détail soignée avec minutie : soit un terrain d'une gamme claire, au printemps ou en été, recouvert d'herbages ; l'artiste y fera jouer les verts obtenus à l'aide des chromes, de la gomme-gutte ou un bleu minéral, de Prusse ou cobalt, suivant la distance des plans ; si sur ce terrain de fond il fait saillir en avant et près de la ligne de terre des plantes en vigueur sur les parties claires, en clair dans les creux ou les parties dans l'ombre avec toutes les ressources de charme d'un brillant coloriste, que peut-il arriver ? Avec le temps, les chromes et surtout la gomme-gutte très belle, mais très fugitive, peuvent être absorbés et disparaître, ne laissant sur le papier que les bleus qui, livrés à eux-mêmes, noirciront, et sur lesquels les détails en vigueur deviendront durs, les clairs seront sourds et point du tout lumineux. Tel est l'effet du temps. Imaginez au contraire le valoriste traitant le même sujet sans préoccupation de détails, et faisant valoir les terrains, non par le menu, mais uniquement par un lavage à grandes teintes ; forcément, pour donner l'harmonie d'ensemble, la composition de ses tons sera partout analogue dans leur dégradation, et,

si les jaunes fuient par le temps, les bleus se
maintiendront par une gamme nouvelle il est
vrai, mais sans crudité et sans changement de
valeur ; l'œuvre restera donc tout en variant de
ton, à peu près dans la même harmonie, la
valeur générale devenant soit un peu plus claire,
soit un peu plus foncée. D'après cette observation, il semble démontré que la pratique des
valeurs est surtout le point où doivent tendre
les efforts de l'aquarelliste, quoiqu'on ne puisse
nier le charme incontestable de la couleur.
Hâtons-nous d'ajouter que, au point de vue
absolu de l'art, on naît coloriste, on ne le
devient pas. Tout au plus peut-on se perfectionner, simplifier et retenir l'entrainement du
charme de la couleur par une science acquise, et
réglementer ainsi les qualités natives. Néanmoins l'amateur ne doit point se rebuter, car,
si l'étude des maîtres ne le rend point coloriste
primesautier, elle lui permet d'adopter les qualités d'un artiste préféré dont la couleur lui est
sympathique et se rapproche le plus de sa
manière de voir personnelle. Mais la science des
valeurs s'acquiert par l'étude et l'observation ;
elle est pour ainsi dire la résultante du raison-

nement, et pour peu que la pratique du pinceau et la trituration des couleurs vous soient familières, vous ne saurez manquer le résultat à atteindre et vous deviendrez, à un moment donné, bon aquarelliste, sûr de vous-même et de vos œuvres.

DES MOYENS ET DE LA PALETTE

DE QUELQUES COULEURS

Sans entrer ici dans des détails toujours exces-
sifs sur le matériel de l'aquarelliste, nous en
dirons quelques mots, pour ne point être incomplet et rappeler à l'amateur qu'il ne doit pas s'em-
barquer dans l'étude d'un art nouveau pour lui
sans outillage suffisant, quoique simple, et se

compliquer ainsi le travail de l'aquarelle déjà si délicat par lui-même. Avoir de bon papier, des pinceaux et des brosses amples et de bonne qualité, de bonnes couleurs légères et transparentes, constitue le premier élément de réussite, et l'on doit se garder de dire en parlant des outils : C'est suffisant pour un commençant ; non, mille fois non, un outillage incomplet n'a jamais pu donner de bons résultats ; mais il a sûrement le danger de vous rebuter si, comme il est fatal, il ne vous sert pas à souhait et vous mène à la non-réussite complète, à un résultat déplorable. Et puis que devient l'intimité nécessaire entre vos outils et vous ? aimerez-vous jamais un mauvais pinceau ? vous prendrez-vous de belle passion pour une laque ou un jaune qui manque de transparence ou de légèreté ? Un bon pinceau est celui qui, trempé d'eau, se renferme, garde l'eau dans sa panse et néanmoins reforme à l'extrémité sa pointe sans écart de poils ni interruption d'aucune sorte. Une grande palette de porcelaine me paraît indispensable, et votre outillage est ainsi constitué. Quant aux nécessités du travail à l'atelier, l'aquarelle d'après nature réclame divers accessoires faciles à grouper.

J'ai dit au chapitre précédent qu'un des premiers exercices à faire pour bien se rendre compte du travail de l'aquarelliste est de laver à grandes teintes un ton de chacune des couleurs composant votre palette, afin de bien connaître les qualités propres. Composons d'abord cette palette ainsi qu'il suit :

Ocre jaune	Yellow ochre
Jaune indien	Indian yellow
Gomme-gutte	Gamboge
Chrome clair	Chrome yellow
Cadmium	Cadmium yellow
Sienne naturelle	Raw Sienna
Sienne brûlée	Burnt Sienna
Brun Van Dyck.	Vandyke brown.
Sépia colorée	Warm sepia
Bleu minéral	Antwerp blue
Outremer	French ultra
Cobalt	Cobalt
Laque carminée	Crimson lake
Carmin extra	Carmine
Vert véronèse [1]	Emerald green
Vert émeraude	Veronese green
Rouge de saturne	Read Leal
Vermillon	Vermillon

1. Par une singulière anomalie, les Anglais ont appelé le Vert véronèse Emerald green, et le Vert émeraude Veronese green. Il faut donc y faire attention.

Stil de grain brun.	Brown pink,
Noir d'ivoire	Yvory black
Teinte neutre	Neutral tint

Une palette ainsi composée répond à tous les besoins du paysagiste ; étudions-la donc **en** détail en exécutant nos teintes :

L'ocre jaune, « c'est la lumière », dit souvent Harpignies : c'est qu'en effet ce ton donne la base la plus chaude pour rendre un ton lumineux. Couleur solide assez difficile à délayer au clair, elle sèche rapidement et ne supporte pas qu'on y revienne dans l'emploi, restant facilement à la surface du papier, faute d'être employée à grande eau ; elle est néanmoins précieuse pour rendre un ciel lumineux, à la condition qu'on l'emploie avec beaucoup de légèreté et toujours très étendue d'eau. On a reproché à l'ocre jaune de pousser un peu au noir, cela est exact ; mais si cette couleur, si chaude, est mêlée un peu à toute la surface de votre aquarelle et entre pour ainsi dire dans la composition de ce que l'on nomme le ton local, la valeur générale devenant plus vigoureuse, l'aquarelle n'en sera que plus solide avec le temps au lieu de se décolorer si vous usez des laques ou de la gomme-gutte.

Le *jaune indien* et la *gomme-gutte* sont d'un usage à peu près analogue du plus clair au plus foncé et se mêlent aux rouges et aux bruns pour les tons éclatants des couchers de soleil et aux bleus pour les verts brillants. Dans ce dernier cas, on doit toujours les allier dans le mélange, car, je l'ai dit, la gomme-gutte est aussi fugitive que brillante, et de son alliage avec d'autres jaunes, une pointe d'ocre jaune au besoin, naîtra la solidité possible, autrement tous les verts deviendraient bleus. Ces deux couleurs, très étendues d'eau, s'emploient en glacis qu'on passe un peu partout pour obtenir l'intensité des vigueurs et l'harmonie générale lorsque le motif est chaud et lumineux.

Cadmium. — Jaune d'or intense, la couleur la plus riche de la palette ; mêlé aux bleus, donne les verts les plus chauds et les plus colorés ; comme la gomme-gutte, cette couleur est légèrement fugitive, mais devient solide mêlée aux laques, à l'ocre jaune.

Terre de Sienne naturelle. — Tient le milieu entre l'ocre jaune et la Sienne brûlée ; lumineuse sans intensité, cette couleur donne tous les tons gris éclairés, les verts dans la demi-teinte quand on la mêle aux bleus ; très solide ; s'emploie dans les terrains, les fabriques, certains troncs d'arbres, etc.

Sienne brûlée. — Couleur d'un rouge brun très solide, donnant avec les bleus des verts vigoureux pour les ombres et les dessous, mais constitue ainsi un ton souvent lourd et commun.

Brun de Dyck, « la reine des couleurs », qui a remplacé l'ancien stil de grain brun ou *brown pink* et est préférable à la Sienne brûlée dans la composition des verts vigoureux obtenus avec le bleu minéral pour base.

Bleu minéral. — Couleur également très solide, fournissant beaucoup et d'autant plus dure qu'elle est moins étendue d'eau. L'employer peu dans les ciels, sauf pour rompre un ton qu'on aurait rendu lourd par l'outremer ou cotonneux par le cobalt pur, mais précieux pour l'exécution des verts ; s'allie à tous les jaunes et les bruns et forme avec eux toute la gamme des verts du plus clair au plus vigoureux.

Outremer. — Ton très puissant ; s'emploie principalement pour les ciels et les verts colorés, comme dans les effets de soir, clair de lune, etc.; développe également beaucoup.

Cobalt. — Indispensable dans les ciels et les gris, les verts décolorés ou très clairs qui ne sont point sous l'action directe du soleil.

Laque carminée et carmin. — Ces deux tons, très lumineux lorsqu'ils sont alliés aux jaunes ou aux rouges, ont la propriété de décolorer les verts et forment la base des gris. Ainsi un mélange léger de vert émeraude et de laque donnera un gris très fin et très transparent. Un glacis de carmin sur un vert clair lui retirera ses qualités de lumière et le fera passer dans l'ombre. Au contraire, mêlé au jaune pur ou au cobalt, dans un ciel par exemple, le carmin en augmentera la lumière et la transparence.

Vert émeraude. — Contrairement à ce que l'on croit d'ordinaire, cette couleur ne doit point servir de base pour obtenir une gamme de verts : nous avons dit plus haut qu'il faut s'habituer à la composer à l'aide des bleus et des jaunes. Mais, dans tous les gris, le vert émeraude porte la transparence et la finesse. On ne doit cependant pas l'écarter complètement dans la composition des verts, mais ne jamais l'employer pur.

Vermillon. — S'emploie pour réchauffer les tons du ciel ; et même presque dans tous les cas,

et quel que soit le motif, on peut sans inconvénient, avant de commencer son aquarelle, passer
un ton de vermillon et d'ocre jaune très étendus
d'eau sur toute la surface du papier, afin de lui
donner un ton chaud qui régnera en une transparence légère sous le motif exécuté.

Noir d'ivoire. — Bien que l'intensité colorante
du noir d'ivoire appelle la défiance, il est cependant d'un excellent secours dans les ciels de
pluie ou d'orage, et, mêlé au cobalt, au vert
émeraude, à la laque, donne *des gris foncés* ar-
gentins dont le paysagiste a fréquemment l'emploi. Nous ne le conseillons pas dans la composition des verts; il y donne une gamme trop
sourde, où le ton s'emboît trop facilement.

Teinte neutre. — Moins intense que le noir
d'ivoire, mais plus froide aussi, cette couleur est
plus fréquemment employée par les artistes modernes. Elle développe également beaucoup, et
l'on doit y prendre garde, surtout si l'on veut
en user pour passer un gris sur des tons colorés,
qu'elle assombrit brusquement et sans transition
aucune. Comme le noir d'ivoire, la teinte neutre
se prête à l'exécution des effets d'orage, de
brume ou de pluie. D'un ton extraordinairement

froid, on ne doit jamais l'employer seule ; mais les laques la rendent violette : il ne faut pas les mélanger sans y ajouter un peu de vert émeraude pour en contrarier l'effet.

Certains aquarellistes répudient absolument cette couleur parce qu'elle donne aux aquarelles un ton d'encre des plus froids. Il est évident qu'elle peut être remplacée par le noir mêlé au cobalt.

Telles sont les principales propriétés des couleurs de notre palette ; ceci, bien entendu, à titre de renseignement que vous devez contrôler en faisant vous-même les essais, car de la plus ou moins grande quantité de couleur mélangée à une autre que nous indiquons dépend la réussite du ton cherché : ce ton se modifie suivant la prise de couleur plus ou moins forcée dans un sens ou dans l'autre.

Un excellent moyen de s'en rendre compte est de dégrader les tons les uns à côté des autres, pour les faire ensuite se fondre entre eux et recommencer l'exercice jusqu'à ce qu'on arrive à la fusion des tons les plus intenses, c'est-à-dire les moins étendus d'eau. Enfin l'on devra répéter de grandes teintes sur une surface qu'on s'im-

pose de couvrir d'avance de façon à l'obtenir bien
nette et bien fondue, qu'on la veuille unie ou
dégradée. Quant au procédé d'exécution des
grandes teintes, il suffit de calculer d'abord exactement ce qu'on doit dissoudre de couleur sur la
palette pour couvrir toute la teinte, puis de
passer cette teinte de gauche à droite et de
haut en bas, le tout à plein pinceau, franchement et dans l'humidité : et de nombreux essais
répétés vous mèneront sûrement à la réussite.

LEÇON GÉNÉRALE

LES CIELS, LES TERRAINS, LES FABIQUES, LES ARBRES, LES ROCHERS ET LA MER

DES PREMIERS EXERCICES A FAIRE POUR LES TONS GÉNÉRAUX OU GRANDES TEINTES

LES CIELS

On a beaucoup conseillé, surtout dans les anciens traités, de faire quelques aquarelles à la sépia ou en teinte neutre, avant de commencer les études colorées ; si je ne prends point la même voie, c'est que nos premières études au fusain nous ont donné le même résultat quant à l'effet, et, pour ce qui est du maniement du pinceau, je conseille plutôt d'entreprendre les tons bleus ordinaires du ciel appliqués à grandes teintes, ou les teintes grises légèrement bleutées, qui forment la plupart du temps les tons des fonds ou plans éloignés d'un paysage.

Avant de commencer un ton, quel qu'il soit, notre premier soin sera, si nous travaillons sur papier blanc, comme je vous l'ai conseillé plus haut, de lui enlever sa crudité à l'aide d'un ton général, qui par conséquent nous servira de première étude pour l'emploi du pinceau. Vous prenez un pinceau un peu fort et l'emplissez entièrement d'eau, en ne l'essuyant simplement contre le godet que juste ce qu'il faut pour que la pointe se reforme ; vous le passez légèrement sur la couleur rouge de saturne, en ajoutant une pointe légère de jaune indien ; vous obtenez ainsi un ton chaud, que vous diminuez le plus que vous pouvez, en l'additionnant d'eau sur le papier qui vous sert de palette d'essai : ce ton doit à peine se sentir, afin de ne pas contrarier ceux que vous pourrez mettre par-dessus, ni en changer la nature. Pour l'étendre ensuite sur votre travail, vous l'appliquez sur le papier en commençant par la gauche, et en appuyant bien franchement la panse du pinceau ; non seulement vous ne devez pas vous inquiéter de la goutte d'eau qui se forme au bas du travail, mais encore vous *devez la ménager* avec le plus gand soin surtout pour des intensités de ton : c'est le

seul moyen d'obtenir des accents vigoureux sans
embus ; cette gouttelette s'absorbe d'elle-même,

Les reflets.

et en cherchant à l'enlever vous formeriez des
cernés, ce qui est toujours le grand écueil des

commençants ; vous ne devez la faire disparaître ou la faire absorber par le pinceau que lorsque vous arrivez au bas du papier et que, par conséquent, vous n'avez plus le même ton à fondre avec le premier pour les raccorder ensemble ; le ton ainsi passé doit l'être à grande eau, afin de donner au papier l'humidité nécessaire à l'exécution de toute votre aquarelle. Lorsque le papier, tout en restant humide, est devenu mat, c'est-à-dire qu'il a perdu la glaçure de la surface de l'eau, vous pouvez entreprendre un second ton, soit le ciel si vous voulez ; il ne sera nullement gêné dans l'exécution par le premier. Pour un ciel bleu, vous ferez un mélange à peu près semblable au précédent, en employant l'outremer et le cobalt mélangé en parties égales ; cela vous donnera pour le haut du ciel un ton un peu ferme, que vous diminuerez à mesure que vous avancez vers l'horizon, en l'additionnant d'eau. Plus vous voudrez avoir d'intensité dans le bleu du ciel, plus vous devez forcer en outremer ; vous devrez, au contraire, vous appuyer sur le cobalt si vous voulez avoir de la douceur dans le ton général. Voilà les premières notions sur la teinte plate ; nous verrons plus tard, en copiant les modèles,

que les blancs doivent être réservés, c'est-à-dire
que, à l'endroit où vous avez un nuage blanc
brillant, vous pouvez arrêter brusquement la
goutte d'eau et l'absorber dans le pinceau, *dans
une forme inverse à celle que vous voulez donner
à ce nuage*. On peut aussi retourner la feuille,
le haut du ciel se trouvant en bas, et laisser sécher
ainsi; les tons se pénètrent, et les plus intenses
se trouvent ainsi dans le haut du ciel comme
presque toujours dans la nature. A propos de la
manière d'enlever la goutte d'eau, on a beaucoup
critiqué la manière d'absorber le contenu du pinceau dans la bouche pour y faire le vide; cette
manière est, hélas ! *la seule bonne*, et, pour
qu'elle ne soit point malsaine, il suffit d'ailleurs
de se servir, pour les grandes teintes, du double
pinceau, dont l'une des extrémités, ne touchant
jamais la couleur, sera uniquement réservée à ce
genre de travail : la matière colorante tombant
au bout de peu d'instants au fond du godet, ce
n'est pas la légère coloration de l'eau qui peut
nuire à la santé; or la mise à sec du pinceau par
la bouche forme, on peut le dire, une partie du
savoir-faire, car on arrive très vite à calculer
dans ce mouvement ce qu'on doit retirer ou lais-

ser d'eau dans son pinceau, suivant les besoins de son travail.

Mais ce procédé a l'inconvénient en séchant, de laisser aux nuages la forme d'*enlevés* faits par accident, mais non *exprès*.

Du reste, on peut établir que sauf de très rares exceptions, les ciels et leurs détails, doivent toujours être modelés dans l'eau, autrement les nuages tombent dans le *carton*, et l'ensemble paraît être toujours trop en avant.

Pour en revenir à notre premier exercice, on peut encore, si l'on n'a point de blancs brillants à obtenir, les enlever sans réserve, à l'aide d'une éponge : on se sert à cet usage d'une petite éponge adaptée à un manche de bois, qui est assez commode en ce sens qu'elle permet de dessiner un peu la forme des nuages ; le papier ainsi imbibé d'eau, on passe vivement le chiffon, ou bien on peut encore tamponner légèrement de façon à ne point arracher l'épiderme du papier. J'ai dit plus haut la manière d'obtenir un ton foncé à l'aide des bleus; j'ajouterai que, pour celui qui possède la palette de vingt-quatre couleurs, le bleu de smalt est d'un usage excellent et très riche en couleur. Si vous allez dans le Midi, par

exemple, en Provence ou en Auvergne, le smalt
est la seule couleur qui vous donnera exactement
et sans mélange d'autre couleur, hormis les
bleus, le ton chaud et légèrement violeté du ciel.
J'ai peut-être omis de placer en tête de cette
leçon un principe absolu dont il faut bien se
pénétrer : c'est qu'il ne faut jamais se servir d'une
couleur seule, il faut toujours la rompre d'une
manière quelconque, pour lui ôter sa crudité
première ; d'ailleurs aucune couleur fabriquée
ne donne exactement un ton naturel, puisqu'il
faut toujours tenir compte de l'air et des valeurs
relatives des tons entre eux.

Quelques aquarellistes se servent de godets
pour préparer ce qu'on nomme les grandes teintes,
c'est-à-dire qu'ils délayent en quantité suffisante
la couleur dans un godet, pour obtenir d'une
manière uniforme la teinte générale. Ce procédé
me semble très défectueux ; il est bien préférable
de chercher plusieurs fois à rattraper le même
ton ; de cette manière, on se dresse la main, et si
la teinte générale n'a pas une égalité parfaite, ce
n'est pas un défaut, car le ton du ciel surtout,
quand il est bleu, est toujours irisé, c'est-à-dire
que la lumière et l'atmosphère, venant jouer sur

la couleur qui paraît aux yeux, donnent pour ainsi dire un mouvement à la tonalité générale.

Je n'ai indiqué jusqu'à présent que la manière de faire un ciel bleu ; c'est qu'en effet l'explication de la pratique du lavis ne peut se faire avec simplicité que sur un seul ton, et pourtant que de variétés dans les tons de nuages et suivant les effets ! Je me bornerai à vous indiquer les principaux mélanges qui peuvent servir de base à leur composition, en cherchant à vous composer autant que possible les différentes natures de ciels qui peuvent se présenter.

LE CIEL BLEU MOUTONNÉ DE NUAGES BLANCS

Une fois votre grande teinte posée, plus ou moins intense, suivant l'époque de l'année, avant que l'eau ait eu le temps de s'imbiber dans le papier, vous pouvez enlever au pinceau sec ou au chiffon les petits nuages légers et rapprochés que vous chercheriez en vain à réserver ; on réussit encore assez bien en se servant de la mie de pain, fortement pétrie et tournée en boulettes, qu'on aplatit ensuite entre le pouce et l'index, et dont on emploie le tranchant : ce procédé est

Effet de matin.

bon, parce qu'il ne fatigue point le papier; mais il demande une grande rapidité d'exécution, parce que la touche est nécessairement plus petite que celle du pinceau, et que, par conséquent, il faut la répéter plus souvent et plus rapidement, si l'on ne veut point que l'eau sèche avant les enlevés. Enfin un dernier procédé pour obtenir des enlevés de couleur comme pour les lumières frisantes de l'eau est employé avec succès. Il consiste à passer avec le pinceau de l'eau pure partout où l'on veut enlever la couleur et, sitôt la détrempe obtenue, à appliquer un papier buvard blanc en l'appuyant fortement de la main.

CIEL NUAGEUX

Si nous supposons un ciel bleu, avec des nuages gris un peu forts et éclairés à leur sommet, nous nous souviendrons de ce qui a été dit plus haut et nous en dessinerons la forme en sens inverse. Dans l'application du ton bleu, un mélange de bleu de smalt, de teinte neutre, *une pointe de noir*, le tout, bien entendu, à doses infiniment légères, nous donnera la base des nuages gris. Nous pourrons encore procéder par les enlevés au pinceau sec, à la partie supérieure, avant d'arriver au blanc réservé du papier, qui forme la partie éclairée du nuage, car il faut remarquer avec grand soin que les transitions brusques sont hors nature, excepté dans des effets absolument voulus. Pour donner plus d'intensité au ton qui forme le bas des nuages, il suffit d'attendre que le premier ton posé soit sec et de revenir dans les parties qu'on veut forcer, avec un ton composé de même manière.

Dans cette nature de ciel d'une gamme générale bleue, avec nuages gris, il arrive souvent que la partie la plus éloignée du ciel ou l'horizon, qui se trouve dans le dessin au dessous du nuage, est plutôt vert que bleue ; dans ce cas, on devra se servir du bleu minéral et non du cobalt. Il n'est pas nécessaire, je pense, de vous rappeler que le bleu minéral doit toujours s'employer avec une grande modération, car c'est une couleur qui développe beaucoup et qui est d'autant plus désagréable qu'elle est employée à plus forte dose ; c'est aussi celle qui demande le plus à être rompue par une couleur voisine.

CIEL D'ORAGE

Il y a tant de diversités de ciels d'orage, que je dois plutôt vous donner une notion générale que d'en supposer un tout convenu; ces sortes de ciels laissent d'ailleurs à l'habileté et au hasard du pinceau une latitude assez grande; vous pouvez toujours prendre un bleu pour base : si vous prenez le bleu minéral, vous le chargerez d'avantage de noir d'ivoire, vous y ajouterez un peu de terre d'ombre et vous romprez tous ces tons avec une terre plus claire, ou de l'ocre; une pointe de cadmium réchauffera le ton; si vous craignez qu'il ne soit lourd, vous commencez par pratiquer ce mélange un peu légèrement et vous forcez la couleur à mesure que vous voulez donner de l'intensité à vos nuages; vous pratiquerez encore des enlevés par places au pinceau sec, ou même à l'éponge, pour donner du mouvement à votre ciel.

QUELQUES EFFETS

Est-il nécessaire maintenant d'étudier les différents effets du matin, du soir, de coucher de

Effet du matin

soleil, etc., etc.? Le matin vous donne un ton extrêmement léger : la transparence de l'horizon est bien souvent à base de carmin ou de laque ; les couchers de soleil sont presque toujours le résultat d'un mélange d'oranger de mars, de cadmium, et, s'il est très violent, une teinte légère de rouge de saturne. Dans les fonds, à l'endroit où le soleil se perd, ajoutez le carmin au mélange, et vous obtenez ce ton vif qui frappe, à mon avis, et qui étonne plus qu'il ne charme en réalité. Ces effets sont très difficiles à rendre, et l'on ne doit s'y risquer qu'après de longues études. Il faut bien qu'il en soit ainsi, puisqu'on ne trouve guère à citer que Le Lorrain qui ait su en rendre puissamment l'effet, et encore affirme-t-on qu'il a mis au moins dix années d'études avant d'arriver aux résultats qui ont fait passer son nom à la postérité.

LES TERRAINS

Dans un paysage, ce qui donne le charme, c'est un ciel réussi, une eau transparente ; ce qui est la plus grande difficulté est assurément le terrain ; la principale qualité qu'il faut chercher

Arbres et terrains.

dans cette exécution est la solidité, et le principal défaut à éviter est la lourdeur. Les principaux mélanges dont on se servira pour les terrains sont les suivants :

Terre de Sienne brûlée et bleu de smalt, pour un terrain qui a peu d'herbe et d'une gamme claire. Si la terre a été récemment mouillée, elle est par conséquent plus foncée : on y ajoutera un peu de brun Van-Dyck ; c'est ainsi qu'on peut obtenir la différence des deux tons, pour rendre un terrain au bord de l'eau. A l'aide de la gomme-gutte ou de l'ocre jaune et du cobalt, on obtient un vert assez solide et qui, appliqué sur le premier terrain posé, rend assez bien l'herbe dans les tons sourds ; on devra réserver les places où cette herbe doit être lumineuse : c'est là la base ordinaire des terrains. On peut modifier cette manière de faire suivant la couleur locale qui règne dans son modèle, où le pays que l'on habite : ainsi la Provence et le Midi devront avoir pour base le bleu de smalt, l'indigo ou l'outremer, de préférence au bleu minéral ; dans les pays du Nord, au contraire, où le terrain est plus foncé et d'un ton plus froid, on se servira plus avantageusement de la sienne brûlée, de la sépia,

Un coin de cour dans le Midi.

une pointe de noir d'ivoire et très peu de bleu minéral, parce que si le mot de froid est désagréable, la chose qu'il exprime l'est bien autant, à mon avis. Je suis, avant tout, pour les colorations chaudes, et j'estime qu'il faut, lorsqu'on est obligé de rendre, pour être vrai, des tons froids, en atténuer la portée autant qu'on le peut. Rappelez-vous aussi que c'est par la grande sobriété de détails et par la franchise du ton, que vous arriverez le plus facilement à rendre un terrain solide et propre à supporter les objets, arbres, fabriques, etc., que vous devrez y placer.

DES FABRIQUES

Il est très important, en ce qui concerne les fabriques, d'en établir bien exactement le croquis avant d'en commencer la couleur, car ici point de ressources; on ne peut, comme dans les arbres, par exemple, escamoter l'équilibre par une exécution adroite : il faut donc en arrêter avec soin les formes extérieures et la perspective, avant de passer ses teintes. Ce grand mot de perspective effraye bien des gens ; je ne crois pas qu'il faille absolument en faire une étude très

suivie pour arriver à faire des aquarelles intéressantes et dont la construction soit très conve-
nable ; l'observation intelligente des rapports de
la verticale à l'horizontale peut très bien suffire.
Personne ne doute, en effet, que les premiers
plans doivent tenir beaucoup plus de place sur
le papier que les seconds plans ; il suffit donc
de regarder avec soin jusqu'à quelle hauteur
viennent ces derniers par rapport aux premiers
pour comprendre très exactement les proportions
qu'on doit leur donner sur le papier. On se sert,
pour s'en rendre bien compte, d'un moyen fort
simple et à la porté de tous : après avoir placé
dans la main le pinceau ou la hampe du pinceau,
qu'on tient bien verticalement, on étend le bras
de toute sa longueur, en plaçant la verticale
devant les objets qu'on veut comparer ; on en
trouve ainsi, à l'aide du pouce, très exactement
la proportion. Pour une maison en briques, on
se servira de sienne brûlée, très peu de jaune
indien et du vermillon pour l'obtenir ; l'addition
de la teinte neutre la donnera dans les parties
foncées. Si elle est en plâtre, inutile de dire que
le papier doit être réservé dans les parties lumineuses ; un peu de sépia et de teinte neutre en

L'après-midi à Billancourt.

pourront donner les parties ombrées ou les accents. Si la toiture est couverte en chaume, on devra en chercher la coloration à l'aide des terres et de l'ocre jaune, suivant le besoin ; forcer sur l'ocre pour les parties lumineuses, forcer sur les terres brûlées pour les parties ombrées.

LES EAUX

Le sujet généralement le plus recherché par le public est le bord de rivière ; c'est aussi le motif que recherche l'amateur, autant parce que la transparence des eaux donne un charme tout particulier au paysage, que par la facilité qu'on a aux environs de Paris de trouver de délicieux motifs. Que de peintres, en effet, ont fait leurs premières études dans ces conditions : Français, au Bas-Meudon ; Daubigny, aux bords de l'Oise et de la Marne; Corot, aux étangs de Ville-d'Avray, etc., etc.! et tous ont su attirer le public par une exécution nouvelle et en rajeunissant des motifs connus de tout le monde.

Règle générale, les réflexions dans l'eau doivent être plus vigoureuses que les objets reflétés ; il n'est pas nécessaire, cependant, d'ac-

cuser ce principe d'une façon exagérée; parfois
même on observera que, dans la nature et à
certaines heures, les reflets dans l'eau s'éteignent
insensiblement, à mesure que le soleil accentue
sa perpendiculaire sur la surface de l'eau ; mais
c'est l'heure ingrate pour le travail, c'est-à-dire
de 10 heures du matin à 3 heures de l'après-
midi ; c'est l'heure où la nature manque d'effet, au
point de vue de l'exécution. Je ne puis rien vous
dire de nouveau sur ce sujet, puisqu'on se sert
des mêmes tons, légèrement assourdis la plupart
du temps, par des terres ou du bleu minéral,
que ceux dont ont s'est servi pour exécuter le
paysage reflété.

Essayons de préciser : Un nuage, lumineux
dans le ciel, est moins lumineux dans l'eau, mais
non plus vigoureux ; en principe, l'eau, ayant
toujours une couleur spéciale, plus ou moins
transparente, reflète donc tout en *un peu moins
clair*.

Le reflet d'arbres foncés sera presque aussi
foncé, près de la ligne de l'horizon, près du
bord même de l'eau, mais en descendant vers le
spectateur, les reflets deviennent plus incolores,
plus pâles, plus glauques.

Croquis, pour rehauts teintés d'aquarelle.

L'effet de soir
Ancien moulin de Champigny.

Tout ceci est observable seulement par une eau très calme. S'il y a risée, brise, agitation accidentelle de l'eau, il n'y a plus rien d'absolu.

Réserver ce qu'on appelle les lignes d'eau ou brillants blancs, qui sont à la surface de l'eau, ou séparent cette eau du terrain, de place en place, n'est point toujours chose aisée; si difficile que ce soit, il faut s'y habituer, car c'est là un des plus sûrs moyens de rendre l'eau transparente.

Pourtant les aquarellistes modernes, qui ne reculent devant aucun procédé, ont employé le système suivant :

L'aquarelle terminée, on passe à plein pinceau de l'eau pure sur les eaux de son paysage ; puis, quand le ton se trouve ainsi détrempé, on enlève rapidement au grattoir; cette opération, avec un peu d'habitude, peut se faire sans enlever l'épiderme du papier. On peut encore, comme nous l'avons dit, employer le papier buvard : mais alors on ne doit passer l'eau pure avec le pinceau que là où le ton doit disparaître.

Quant au bleu du ciel reflété dans l'eau, n'oubliez jamais d'ajouter un peu de bleu minéral **au** cobalt; quelle que soit la nature du ton du ciel,

en se mariant avec le ton général de l'eau, il
prend toujours cet aspect légèrement verdâtre.

LES ARBRES

L'arbre est à proprement parler l'académie du
paysage : deux choses en caractérisent l'essence
principale dans une aquarelle, la construction de
ses branches et du tronc, qui le distingue surtout
par le dessin et la masse, ou plutôt l'aspect général du feuillé. C'est par un contour soigneuse-
ment cherché et l'observation soutenue de la
manière dont les branches s'attachent à la tige
mère, qu'on accuse l'essence d'un arbre; quant
au feuillé, on l'exprime par le ton local et par la
silhouette extérieure de la masse. Un tronc
d'arbre peut s'ébaucher généralement d'un
mélange de sépia et de brun Van-Dyck, toujours
en appliquant en premier le ton le plus clair
qu'on voit dans le modèle ou sur la nature; le
ton local pour les arbres à feuillage dur et
vigoureux, tels que le chêne, l'orme, le peu-
plier, etc., etc., avec le même ton mêlé d'indigo, de bleu minéral ou de bleu de Prusse; à
mesure que l'on avance de la partie éclairée de

la masse de feuillage, on peut ajouter du cobalt dans le mélange et l'employer plus légèrement, bien entendu: l'emploi d'un pinceau trop chargé de couleur pousse souvent les aquarellistes, même les plus forts, à une silhouette lourde ; quelques-uns même ont cerné comme autrefois la partie extérieure de leurs masses d'un trait de plume, afin d'obtenir de la netteté ; il y a évidemment à prendre dans ce procédé, mais seulement dans les ombres et sur des fonds de terrain, car j'ai toujours remarqué que, lorsqu'il était employé sur le ciel, il donnait une lourdeur extrême. Enfin une observation qui est rarement faite dans les traités, c'est l'importance capitale qu'on doit attacher à la manière de faire porter un arbre sur le terrain. Je crois que, en aquarelle, un excellent système pour arriver à ce résultat est de se servir, pour ébaucher les terrains qui entourent un arbre, du même ton de dessous qu'on emploie pour la base de cet arbre, en réservant, bien entendu, les parties lumineuses, sur lesquelles on passera ensuite les tons clairs verts ou autres des herbes, pierres, mousses, etc., qui composent ce terrain ; de cette façon, l'on ne sentira presque pas l'endroit où s'attache votre arbre et il portera solidement sur le terrain. Pour les arbres que j'appelle à feuillage doux, c'est-à-dire ceux qui même, dans les masses les plus compactes, ne comportent point une vigueur intense, tels que le platane, le saule, le tremble, le bouleau, etc., servez-vous, pour l'esquisse, de l'ocre de ru, d'un peu de cobalt et d'un peu de jaune indien; vous obtenez ainsi un ton assez ferme comme dessous, mais qui donnera aux glacis que vous pourrez mettre ensuite une note plutôt claire que noire; développez toujours sur le cobalt plus vous arrivez près de la silhouette se profilant sur le ciel. Ce ne sont point là, ainsi que vous le verrez plus loin, les bases d'une exécution très facile, en ce sens qu'en opérant pour les dessous à l'aide de la sépia et de la teinte neutre qu'on glace ensuite à volonté comme dans le cours de M. Cicéri, la recherche du ton local est beaucoup moins pénible et beaucoup moins longue; mais je suis convaincu que toutes vos études ne seront réellement fructueuses que si vous vous efforcez d'écarter peu à peu tous les systèmes de préparation pour arriver autant que possible à préparer dans le ton juste.

LES LOINTAINS ET LES MONTAGNES

C'est surtout dans l'exécution des lointains et des montagnes qu'il faut beaucoup de fermeté dans la main et point d'hésitation ; vous ne devez, en effet, employer que des tons absolument transparents, écarter par conséquent les terres et les bruns, pour ne vous servir exclusivement que de tons gris à base de bleu, de laque, d'ocre, de vermillon, quelquefois de teinte neutre, modifiant le noir d'ivoire. L'emploi de ces tons premiers ne vous empêchera pas de les modifier par des glacis, suivant le ton ou l'effet ; ainsi, par exemple, si vous avez un lointain composé de teinte neutre et d'un peu de bleu, vous passerez un glacis d'un peu d'ocre pour avoir un ton moins froid, d'un peu de laque carminée pour avoir un ton vraiment chaud, d'un peu de vermillon si c'est un effet de soleil couchant qui donne l'intérêt à votre lointain. Si les montagnes forment la partie principale du paysage et que, même en clignant fortement les yeux, vous serez obligé d'en accentuer les détails pour leur donner de l'intérêt, il vous arrivera souvent d'être un peu sec dans ces détails. Vous pourrez parer à ce défaut par un glacis un peu chargé d'eau pure, en faisant ensuite trembloter légèrement votre aquarelle; en la tenant bien à plat, vous pourrez rompre les sécheresses. Je ne suis point, hélas! un enthousiaste des pays de montagnes, et, bien que Calame y ait trouvé sa réputation, je préfère, je l'avoue, la verte campagne ou les bords de la mer; ces pays sont beaux à parcourir, et les touristes vous en feront des descriptions merveilleuses; mais c'est là une nature trop grandiose pour le peintre et surtout pour l'amateur; l'effet y change avec une rapidité telle qu'un ton appliqué avec la plus grande justesse devient en quelques minutes le plus faux du monde si l'on place les tons qui l'entourent par un nouvel effet.

LA MER

Je n'ai pu m'empêcher de vous donner ici des détails un peu étendus en ce qui concerne la mer. C'est que je suis un admirateur passionné de la mer et de son immensité, et je trouve que ce spectacle toujours changeant offre mille sujets d'études à l'amateur.

Le premier aspect est celui que donne la mer calme sous un ciel bleu : le ton bleu du ciel, d'une profondeur immense, doit se préparer avec le cobalt et l'outremer, et mourir pour

Mer calme. — Temps gris lumineux.

ainsi dire en arrivant à l'horizon, vers lequel nous devons retrouver le ton chaud du cadmium posé avant le travail. Et chose étrange pour la mer, parfois le bleu le plus intense devra se trouver vers l'horizon, ou même on devra ajouter de la teinte neutre au cobalt pour le solidifier et avec ce mélange arriver en caressant le papier de place en place pour obtenir le frémissement de la mer avec une vague presque insensible. Enfin, dans les premiers plans, on ajoutera une note bleue et verte, afin de donner de la profondeur et de la puissance.

Un autre aspect assez fréquent de la mer est le temps brumeux sans que la vague en soit soulevée. Pour cet effet, en général assez simple, on passe un ton général de noir d'ivoire, peu d'ocre noir et de laque ; puis, quand le papier a pris suffisamment la teinte, vous glissez dans le haut du ciel quelques tons de gris un peu plus vigoureux pour modeler et accentuer quelques formes de nuages toujours indécis dans ces effets, et dans ce cas on peut avoir un noir moins rompu et même employer le noir d'ivoire seul. Par l'effet de brouillard, le ciel et la mer se confondent à l'horizon en un horizon fort rapproché, cependant il est bon d'accuser un peu la jonction sur un des côtés de son aquarelle et sur tout le reste laisser ce passage tout à fait insensible et confondre les deux tons en un seul. Au premier plan, nous

creusons la vague d'un ton verdâtre formé de
teinte neutre, cobalt et un peu d'ocre jaune.
Enfin le vert véronèse est excellent pour ce cas
spécial.

MER HOULEUSE. CIEL GRIS

Par cet effet, le ciel ayant généralement
comme dominante une note plus froide, il est
inutile de passer un ton de dessous au cadmium
ou à l'ocre jaune ; les nuages se font à base de
teinte neutre et se modèlent au noir d'ivoire ; la
mer sous le ciel gris est généralement verte,
tout en ayant des reflets de ciel, ce qui fait qu'on
peut d'abord passer le même ton employé pour
les nuages et creuser les vagues à l'aide de tons
verts d'autant plus intenses qu'on avance vers le
premier plan, soit pour les fonds cobalt et ocre
jaune, et pour les premiers plans bleu minéral
et sienne naturelle, en ayant soin de laisser la
crête de la vague, ou plutôt le dessus des vallon-
nements qu'elle forme, refléter le ton du ciel.
Quant à la crête des vagues en premier plan dont
l'écume scintille et frémit, il est difficile d'en
ménager le blanc, et c'est au grattoir qu'il fau-
dra recourir si l'on veut obtenir des raccrocs de

lumière bien accentués ; cependant, si l'aquarelle est grande, on peut dessiner même cette
mousse et la modeler avec des gris très fins et la
mousse d'un blanc chaud ; si le ciel est gris, on
emploiera le blanc presque pur ; et j'ai omis de
dire précédemment que, par le beau temps, on
ajoutera pour rendre la mousse un peu de
cobalt au blanc.

EFFET D'ORAGE

Toutes les fantaisies de tons et de forme sont
presque possibles dans le ciel, car on a en haut
de la voûte des déchirures de nuages qui laissent
voir des bleus intenses d'outremer et de bleu
de smalt ; vous modelez ensuite les nuages
qui entourent cette déchirure avec le noir
d'ivoire et de la teinte neutre ; s'ils sont en
second plan, vous pourrez y glisser de la sienne
brûlée ou du brun rouge. Si l'on ne voit l'azur
du ciel que tout à fait en dernier plan, le bleu
devient vert et vous le rendez au bleu minéral,
additionné d'une pointe de cadmium que vous
romprez avec le carmin pour ne point avoir un
vert trop prononcé. La mer prend alors tous les

tons qui sont dans le ciel et les exagère ; en les coupant par les vagues, nous opérons comme il est dit précédemment, mais avec une gamme générale plus ferme et plus solide. Une remarque cependant : il arrive parfois que sous l'effet d'orage on a en troisième plan des lignes de mer d'un vert malachite ; ce ton s'obtient avec le bleu minéral et le jaune indien mêlés de cobalt.

LES ROCHERS

Je ne veux pas terminer ce chapitre qui concerne la mer sans dire quelques mots de la falaise et des rochers. En Bretagne, le rocher est granitique ; on doit ébaucher avec de la teinte neutre et ombrer avec de la sépia, surtout masser les ombres avec un dessin très serré. Les rochers que la mer découvre en se retirant à marée basse, et qui sont ordinairement recouverts de varech ou de plantes marines, s'ébauchent avec du jaune indien et s'ombrent avec de la sépia et la sienne brûlée. On peut remarquer que ces verts de plantes marines, qui sont très brillants à la surface quand ils sont

éclairés, deviennent d'un ton sourd et cru lorsqu'ils pendent le long des rochers ; on les rend
avec un mélange égal de bleu minéral et de
jaune indien, et l'on pousse au bleu par places,
pour leur donner le relief. En Normandie, où la
falaise est crayeuse, elle doit s'ébaucher avec
l'ocre jaune et s'ombrer à la sienne naturelle, à

laquelle on additionne la sépia et la teinte
neutre, dans les parties très vigoureuses. Aux
environs de Trouville, où la glaise domine, on
ébauche à la teinte neutre et à la sépia ; mais on
emploie le noir d'ivoire dans les parties vigoureuses, ce qui donne un ton très fin.

Telles sont les données générales qui peuvent
servir de base à l'exécution d'un paysage, quel

qu'il soit : à vous de les modifier suivant les pays ou les saisons, pour arriver à vous créer peu à peu une facture bien personnelle qui vous constitue une originalité. C'est surtout devant la nature que votre main se transformera ; mais il est très certain aussi que commencer dès l'abord par l'étude sur nature est difficile pour les débutants : aussi ferez-vous bien de faire quelques exercices d'atelier, tels que le cours Cicéri, les études de Green, etc., tous modèles excellents, pourvu qu'on ne s'y éternise point. Puis, copiez, si vous pouvez vous en procurer, quelques-unes des belles aquarelles de Harpignies, d'Allongé, de Béthune, de Lefebvre ou de Porcher, et terminez vos études par l'interprétation à l'aquarelle de peintures à l'huile, ce qui est la meilleure transition entre le travail de l'atelier et les études d'après nature.

CONCLUSION

DE QUELQUES MAITRES MODERNES

> « Ce sixième sens, c'est la *bosse*,
> et nous l'avons vous et moi. »

Ainsi s'exprime Toppfer dans ce charmant traité d'esthétique familière, de *Réflexions et Menus propos*, que tout amateur devrait avoir comme livre de chevet, tant il est vrai que les livres les plus simples sont aussi souvent les meilleurs que l'on puisse imaginer. Que d'ouvrages ont paru depuis Toppfer, en matière d'esthétique, produits d'une science ennuyeuse et vaine, qui sont restés bien au dessous de lui, à ne considérer que le bon sens, un raisonnement droit et serré, sans parti pris d'école ou d'élucubration personnelle ! Et si je conseille à l'amateur, avant toute chose, de lire et bien posséder ce précieux livre, c'est qu'il y trouvera, non l'enseignement du lavis à l'encre de Chine, pas plus qu'un traité de l'aquarelle, mais l'in-

telligence et l'esprit qui doivent présider à tous
travaux d'art et en particulier à l'aquarelle. Oui,
l'aquarelle pour l'artiste est un art véritable où
le procédé d'exécution doit entrer pour très
peu de chose s'il vient gêner sa pensée et l'arrêter lorsqu'il veut rendre palpable une idée
fugitive. Mais pour l'amateur qui cherche plus à
rendre ce qu'il voit que ce qu'il sent ou ima-
gine, il faut bien convenir que le procédé d'exécution joue un rôle considérable, et c'est pourquoi je conclus qu'il doit voir beaucoup, aux
expositions et dans les cercles, chez les amateurs ou dans les musées, en un mot partout où
l'occasion se présente de disséquer *de visu* la
manière de faire de chacun pour l'appliquer à
son tour quand l'occasion s'en présentera et suivant le motif qu'il aura à interpréter d'après
nature. C'est ainsi qu'il saura que l'ocre jaune a
donné le soleil à Harpignies, bien qu'il soit de
mise de médire de l'ocre jaune pour son manque
de transparence; que la grande franchise des
verts donne à Allongé tout l'éclat de la nature,
et que Gaston Béthune obtient la transparence
large et vraie de ses eaux en les travaillant en
pleine humidité, ce qu'il appelle traiter l'eau

par l'eau ; que Porcher, empruntant l'esthétique
d'Harpignies, a su se créer une originalité puis-
sante en usant presque des mêmes moyens. Je
pourrais citer ainsi tous les artistes qui se sont
occupés d'aquarelle. C'est pourquoi je ne crains
pas de le répéter, l'amateur doit voir et voir

Le Soir.

beaucoup : travailler peu et avec mûre réflexion
lui sera plus profitable que de produire davantage et d'user quantité de feuilles où viendront
se répéter les mêmes erreurs qui finiront par
s'implanter dans son esprit et guider sa main[1].

1. — Qu'on me comprenne bien : j'entends par ce que
je viens de dire qu'il ne faut pas s'appesantir à copier mainte-

Et puisque j'ai cité plus haut ces maîtres modernes de l'aquarelle, pourquoi ne pas noter ici ce qui a mûri leur talent et fait leur succès ? En première ligne, et c'est le doyen d'ailleurs, Harpignies est considéré comme le plus savant des aquarellistes du monde entier. Je l'ai dit, ce n'est pas le charme de sa couleur qui étonne et nous arrête, c'est la sobriété de cette couleur, une mise en valeur large et simple, des effets puissants rendus par des teintes unies, des oppositions franches toujours dans une harmonie parfaite. En résumé, c'est le résultat de longues observations notées sur nature par quantité de pochades d'impression et d'effet comme aussi d'études sérieuses et approfondies faites dès la jeunesse en plusieurs séances par les temps gris, reportées ensuite à nouveau sur le papier dans le calme de l'atelier. Dans l'exécution, ce n'est pas l'adresse qui surprend, c'est l'ampleur du coup de pinceau, la fermeté de la touche, la précision du dessin, la netteté de l'effet. Diffé-

et mainte fois ce qu'on appelle des sujets formant tableaux ; mais par contre il est indispensable, pour devenir aquarelliste, de multiplier à l'infini les exercices sur papier libre, en un mot de gâcher beaucoup de papier en essais de toute sorte à la recherche des tons et de leur valeur respective.

rentes sont les qualités d'Allongé, dont l'exécution, aussi brillante qu'elle est inattendue, est parfois insaisissable, tant elle est merveilleuse d'improvisation et d'adresse. Le maître se joue des moyens, tout en conservant une scrupuleuse conscience de nature. Son dessin, toujours châtié autant que précis, ajoute encore au charme de ses aquarelles, et l'on peut dire que chez Allongé le fusiniste consommé devait former le maître en aquarelle. Usant avec un discernement délicat et une connaissance parfaite de toutes les ressources de la palette, il est devenu le coloriste brillant qui charme de prime abord et qu'on aime à regarder ensuite plus longuement, parce que ce charme de la couleur s'appuie sur la connaissance profonde du dessin et de la nature. Sans être aussi sobres, aussi précis qu'Harpignies, aussi brillants d'exécution qu'Allongé, Gaston Béthune et Porcher ont acquis dans leur art une juste réputation. Béthune, qui a traité de préférence les sites éclatants de lumière des environs de Nice et de Menton, atteint dans ces gammes claires une puissance d'effet qui est due précisément à la juste observation des valeurs si variées, bien qu'elles semblent parfois se confondre dans ces pays baignés de lumière et de chaleur. Ce qui n'a pas empêché l'artiste de rendre avec un rare bonheur les quais brumeux de Londres et les verdoyants paysages des environs de Paris. En résumé, vous le voyez, cher lecteur, si ces maîtres ont atteint le summum de leur art, c'est à force de travail et d'études, d'observations raisonnées et, par dessus tout, par une scrupuleuse conscience dans leurs études d'après nature. Ne vous rebutez donc pas des premières déceptions inévitables lorsqu'on entreprend l'étude d'un art nouveau ; persévérez, au contraire, jusqu'à la réussite, en songeant aux compensations que vous en aurez plus tard et au plaisir incomparable que vous éprouvez à conserver par la suite des souvenirs intenses et tout personnels d'impressions éprouvées devant la nature.

FIN

TABLE DES MATIÈRES

CHAPITRE IV

CHAPITRE V

MÂCON, PROTAT FRÈRES, IMPRIMEURS

BIBLIOTHÈQUE

D'Enseignement pratique des Beaux-Arts

Par KARL ROBERT (Georges Meusnier)

Expert auprès des Tribunaux du département de la Seine
Officier de l'Instruction publique

PRIX DU VOLUME :

In-8° raisin, orné de nombreuses illustrations

6 FRANCS

FRANCO CONTRE MANDAT-POSTE

NOTE DE L'ÉDITEUR

Lorsque M. Karl Robert fit paraître la première édition du *Fusain sans maître*, il ne se doutait pas qu'au bout de quelques années ce livre aurait trouvé 22,000 lecteurs. Le succès de la *Bibliothèque d'enseignement pratique des Beaux-Arts*, que l'auteur a entreprise et poursuivie à notre demande, vient de son but essentiellement pratique, et de l'indépendance que l'auteur sait conserver, n'indiquant pas uniquement, comme on l'avait fait jusqu'à ce jour, sa manière personnelle ni celle de tel ou tel, mais puisant au contraire ses enseignements chez tous les artistes vraiment dignes de ce nom, les vrais maîtres du genre auquel on s'adonne.

C'est pour répondre à ce but que l'auteur, après l'examen technique et didactique des procédés, complète son livre par des *leçons écrites*, conduisant ainsi par la main l'amateur et l'élève à l'analyse d'une œuvre de maître en chacun de ses traités. Ajoutons que le succès de la collection est aussi dû à l'exécution matérielle des volumes confiée aux soins de MM. Protat frères, imprimeurs à Mâcon. Dans ces ouvrages tout est soigné, l'auteur ayant pensé, justement, croyons-nous, qu'un volume appelé à enseigner le beau doit lui-même être matériellement exécuté suivant les règles de l'Art.

Paris, 1892.   H. LAURENS.

1° LA PEINTURE A L'HUILE

(PAYSAGE)

TRAITÉ PRATIQUE ET COMPLET SUR L'ÉTUDE DU PAYSAGE

interprété selon les maîtres anciens et modernes :

Hobbema, Ruysdaël, Vernet, Corot, Daubigny, Th. Rousseau, J.-F. Millet

Coucher du soleil, d'après Th. Rousseau.

Division des Chapitres. — Avant-propos — Du paysage en général. — Études préliminaires. — Le dessin et la perspective. — Le matériel d'atelier et de campagne. — Théorie des couleurs. — Qualités propres de chacune d'elles. — Les huiles et les essences. — De la palette. — De quelques mélanges. — Ce qu'on doit peindre à l'atelier. — Le nature morte. — Le dessin et les valeurs. — La chambre claire. — Le miroir noir. — Les paysages. — Premières études d'après nature. — Le choix du motif. — De l'ébauche. — Du ciel. — Des terrains et des premiers plans. — Les eaux. — Manière de les peindre. — La rivière et la forêt. — Les fabriques, les montagnes et la mer, etc., etc.

2° LE PASTEL

TRAITÉ COMPRENANT

LA FIGURE & LE PORTRAIT, LE PAYSAGE & LA NATURE MORTE

avec figures dans le texte et référence de pastels en couleurs.

Portrait par Ch. Chaplin.

Division des Chapitres. — Avant-propos. — Du pastel. — Harmonie des couleurs. — Loi des couleurs complémentaires. — Du matériel. — Papiers et toiles. — Des pastels. — Mise en œuvre générale du pastel. — La grisaille. — La tête et le portrait. — Observations générales. — De la tête. — Essai d'après Andréa del Sarto. — Essai d'après Gleyre. — Essai d'après Jules Breton. — Paysanne. — Du paysage. — Le paysage d'après nature. — Au matin. — Plein soleil. — Pierre et roseaux. — Le soir. — La neige. — L'hiver. — De la nature morte. — Essai d'après Chardin. — La plume et le poil. — Draperies et accessoires. — Fleurs et fruits. — Conseils généraux pour le portrait d'après nature. — Du portrait d'homme. — Portrait de vieillard. — La jeune fille et l'enfant. — Les yeux. — De l'impression en général. — Conclusion.

3° L'ENLUMINURE DES LIVRES D'HEURES

Missels, Canons d'autels, Images pieuses et
Gravures, Souvenirs de première communion
et de mariage.

DIVISION DES CHAPITRES. — Avant-propos. — Précis de l'histoire de l'enluminure. — Du procédé des anciens. — Procédés modernes. — Installation et matériel. — Les parchemins. — Les vélins. — Les bristols et les papiers. — Les ivoirines. — Manière de tendre le vélin. — Les pinceaux. — Le brunissoir et la pointe à décalquer, agate et ivoire. — L'encre de Chine. — L'ox gall ou fiel de bœuf. — De la gomme ou de l'eau gommée. — La gouache. — Les couleurs. — De l'or et de l'argent. — Les ors et leur application. — Les ors à plat. — De l'or en relief. — Pâte à dorer. — Procédés divers. — Leçons écrites d'après le Livre d'Heures de Mlle Rabeau. — Paroissien de la Renaissance. — Le Livre d'Heures de Mlle Guilbert. — Canon d'autel, etc., etc.

4° L'AQUARELLE
(Figure, Portrait, Genre)

Avec leçons écrites d'après les estampes en couleurs des maisons
BOUSSOD-VALADON, etc.

DIVISION DES CHAPITRES. — Avant-propos. — De l'aquarelle. — Etudes préliminaires. — Le dessin, les valeurs. — Théorie des couleurs. — Harmonie. — Loi des couleurs complémentaires. — Du matériel. — Les papiers. — Les blocs. — Manière de tendre le papier. — Les châssis. — Le stirator. — Crayons. — Pinceaux. — Godets, verres à eau. — Palette. — Les couleurs. — Qualités et propriétés de quelques couleurs. — De quelques mélanges. — Les tons chauds et les tons froids. — Les mélanges. — De la nature morte. — Le lavis. — Les grandes teintes. — Premiers exercices. — De la copie. — Fleurs et fruits. — Leçons écrites. — Boutons d'or et coquelicots. — Oiseaux des îles. — Les inséparables. — Vulcain. — Paon du jour. — Pensées. — Framboises et groseilles. — De la grisaille. — La figure et le genre. — De la figure. — Au printemps. — L'hiver. — Il pleut, il pleut, bergère. — La gardeuse de dindons. — La charmeuse d'oiseaux. — A la fenêtre. — Papillon du soir. — Portrait. — Jeune fille à la pèlerine. — Jeune fille aux roses thé. — Le danseur, d'après Louis Leloir. — De la nature morte et des fleurs d'après nature. — Idée de la composition et de l'arrangement, etc., etc.

5° L'AQUARELLE
(Paysage)
TRAITÉ PRATIQUE ET COMPLET DU PAYSAGE A L'AQUARELLE
Avec leçons écrites d'après Allongé et E. Ciceri,
avec planches en couleurs et croquis à interpréter à l'aquarelle
(5° Édition.)

Le Lavoir, d'après Eugène Ciceri.

Division des Chapitres. — Avant-propos. — Études préliminaires. — Le dessin. — Du matériel. — Les couleurs. — Observations sur quelques couleurs. — Le papier. — Les pinceaux et les brosses. — De la palette. — Du matériel de campagne. — Leçon générale. — Ciels, terrains, arbres, etc. — Le ciel bleu moutonné de nuages blancs. — Ciels nuageux. — Ciels d'orage. — Des différents effets. — Les terrains. — Des fabriques. — Les eaux. — Les arbres. — Les lointains et les montagnes. — La mer. — Mer houleuse, ciel gris. — Effets d'orage. — Les rochers. — Du choix des modèles. — Leçons écrites. — Au bord de l'eau. — La ferme. — Le lavoir. — Clair de lune. — L'étude d'après nature. — Conclusion de quelques maîtres modernes. — Leçons supplémentaires : 1° le lavoir, 2° l'abreuvoir, d'après Louis Luigi. — Texte explicatif de M. E. Ciceri pour son cours d'aquarelle en 25 planches. — Ton appliqué à plat à grande teinte. — De la lumière et de l'ombre. — Des tons superposés. — Des tons juxtaposés. — Des ombres portées. — Études de pierres. — Les rochers. — Les montagnes. — Des plans tournants. — Étude d'arbres. — Clair de lune. — Étude du ciel par un temps gris. — Cour de ferme. — La forge. — Coucher de soleil. — Effet de neige. — Une vue à Montargis. — Étude de paysage. — Soleil couchant. — Le lavoir. — Un village. — Le château. — Clair de lune.

6° LA GRAVURE A L'EAU-FORTE
TRAITÉ PRATIQUE ET COMPLET
COMPRENANT LE PAYSAGE ET LA FIGURE

Division des Chapitres. — Caractère de la gravure à l'eau-forte. — Précis historique de la gravure en taille-douce. — Gravure sur métaux. — De l'outillage. — Les vernis — Les cuivres. — Pointes et aiguilles. — Préparation de la planche. — Des calques, du report et du tracé. — L'acide nitrique. — La morsure, généralités. — Application. — Leçon écrite d'après Maxime Lalanne. — Généralités sur la morsure et l'exécution. — Du ciel. — Les fonds. — Premiers plans. — Le portrait et le genre. — Exécution d'un portrait, généralités. — Application. — Procédés divers. — Le vernis mou. — La pointe sèche. — La manière noire. — L'aquateinte. — L'eau-forte industrielle. — Procédé de l'héliogravure en taille-douce. — L'héliogravure aide de l'aquafortiste. — Le perchlorure de fer. — De l'impression. — Désignation. — État et qualité des épreuves.

Berghem. — Moutons.

7º LE FUSAIN SANS MAITRE

TRAITÉ PRATIQUE ET COMPLET SUR L'ÉTUDE DU PAYSAGE AU FUSAIN

Orné de 25 planches fac-simile d'après Allongé, Appian, Lalanne,
Lhermitte, Bivoire, Karl Robert, etc.,

et nombreux dessins et croquis à interpréter au fusain.

(19ᵉ Édition.)

Interprétation au fusain des croquis
à la plume.

Division des Chapitres. — Avant-propos. — Origine du fusain. — Du fusain appliqué à la figure, au paysage. — Matériel de l'atelier. — Le chevalet. — Le châssis. — Le stirator. — Les fusains. — Les papiers. — Estompes, tortillons, amadou, ouate, chiffons de toile et de laine, moelle de sureau, emploi et conservation de la mie de pain. — Le chiffon. — La mie de pain. — Le grattoir. — Le fixatif. — Du matériel de campagne. — Études et leçons. — L'étude d'après les maîtres. — Du choix des modèles. — Copies d'après la peinture. — Conseils préliminaires pour la copie des modèles. — Leçons écrites. — La nature. — Leçon générale. — Le ciel. — Les eaux — Les terrains. — Les arbres. — Les fabriques. — Les montagnes. — Les rochers et la mer, les sables. — Le croquis au fusain. — Des diverses applications du fusain. — Des retouches après la fixation du dessin. — L'étude d'après nature.

8º LE MODELAGE & LA SCULPTURE

TRAITÉ PRATIQUE

contenant tous renseignemens sur l'exécution en terre, marbre et terre cuite,
opérations du moulage, etc.,

avec leçon écrite par François Rude.

Armature d'une figure assise.

Division des Chapitres. — Avant-propos. — Du dessin et de la sculpture. — Matériaux et mise en œuvre — L'esthétique du sculpteur. — Le moulage — Le moule. — Le modèle. — Le marbre. — Épannelage et mise au point. — Le bronze. — Glyptique : Camées, médailles et monnaies. — Esthétique du sculpteur. — Précis historique de la sculpture. — Résumé de l'histoire de la sculpture. — Art grec. — Conseils pratiques sur l'installation et l'outillage. — De l'atelier. — Du dessin et de l'anatomie. — Documents à l'usage du sculpteur. — Leçons écrites. — Le médaillon, le bas-relief. — Le buste. — La nature. — Enseignement de F. Rude. — Le médaillon et le bas-relief. — Le portrait et le buste. — De la figure et du groupe. — L'esquisse. — Le groupe. — La figure équestre. — La sculpture d'animaux. — Opérations pratiques du moulage. — Du moulage. — Du plâtre et de son emploi. — Le gâchage. — Moulage d'un médaillon et d'un bas-relief, d'un buste ou d'une statue. — De l'épreuve. — Moulage du buste et de la ronde bosse en général. — Le moulage sur nature. — Du moulage après décès. — De l'estampage et de la terre cuite. — Considérations sur la sculpture.

9° LA PHOTOGRAPHIE

AIDE DU PAYSAGISTE OU PHOTOGRAPHIE DES PEINTRES

RÉSUMÉ PRATIQUE

des connaissances nécessaires pour exécuter la Photographie artistique

PAYSAGE, PORTRAIT ET GENRE

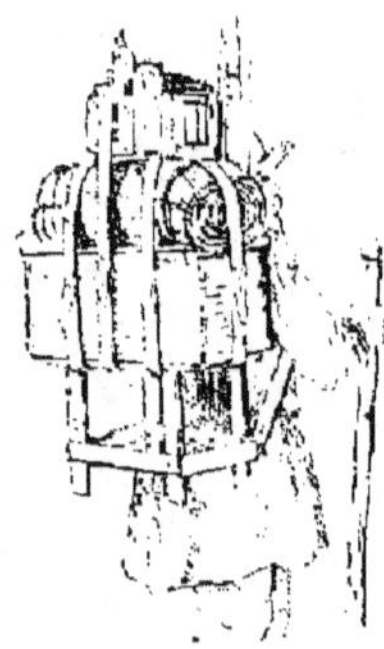

Le touriste d'autrefois.

DIVISION DES CHAPITRES. — Avant-propos. — Formation de l'image. — Le négatif. — Couche sensible. — Emploi du gélatino-bromure d'argent. — Le négatif. — Le positif. — Virage et fixage. — Développement et fixage du cliché ou négatif. — Développement au fer. — Opérations du développement. — Renforcement. — Atténuation. — Fixage des clichés. — Le bain d'alun. — Consolidation de la gélatine. — Développement à l'acide pyrogallique. — Révélateur à l'hydroquinone. — Formules de développement. — Observations générales. — Les appareils. — La chambre noire. — L'objectif. — Les châssis. — Objectif. — Diaphragmes. — Obturateur. — Les appareils à la main. — L'appareil de poche. — Le positif. — Tirage, virage et fixage des épreuves. — Épreuves bleues au ferro-prussiate. — De la nature et de l'art. — Le choix du motif et le temps de pose. — Du temps de pose. — La composition et l'arrangement. — De l'effet et de la lumière. — Des premiers plans. — De la figure et des animaux dans le paysage. — Du portrait. — Des groupes.

Touriste d'aujourd'hui.

10° LA PEINTURE A L'HUILE

(PORTRAIT ET GENRE)

Portrait d'homme, par P.-P. Rubens.

DIVISION DES CHAPITRES. — Avant-propos. — Du dessin et de l'anatomie. — Sensation de la couleur et des valeurs. — Les proportions du corps humain. — Atelier et matériel de l'artiste. — Les couleurs. — Les huiles et les essences. — Le pétrole. — Les siccatifs. — De la palette. — Du mélange des couleurs. — Différentes manières de peindre. — Frottis et glacis. — Les demi-pâtes. — En pleine pâte. — Premiers exercices d'après la bosse. — La grisaille et les camaïeux. — De la grisaille. — De la figure humaine. — La tête d'après nature — Exemple et conseils pour une tête d'homme brun. — Manière de peindre une tête quelconque. — L'ensemble; conduite générale du travail. — Les yeux, le regard, l'oreille. — L'académie et le morceau d'étude. — Le portrait. — Généralités. — Le portrait d'après nature — Règles de convenances dans l'attitude et le mouvement. — Le caractère des fonds et des accessoires. — De la composition d'un tableau. — Équilibre, unité, harmonie. — Du genre et de l'histoire. — L'épisode. — L'anecdote. — Le plein air. — Figures et animaux. — Les intérieurs, les fleurs, les fruits. — De la conservation des tableaux. — Leur nettoyage. — Réparation des cadres, etc., etc.

11° LA CÉRAMIQUE

TRAITÉ PRATIQUE DES PEINTURES VITRIFIABLES

PORCELLAINE — FAÏENCE — BARBOTINE

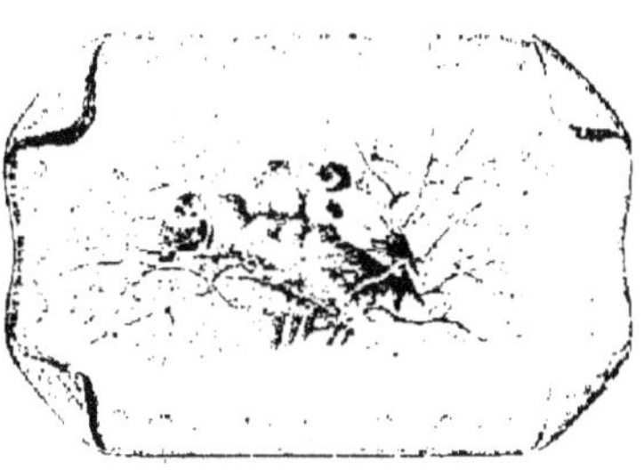

Plat à fruits, d'après GIACOMELLI.

DIVISION DES CHAPITRES. — Avant-propos. — Faïences et porcelaines. — Aperçu général historique. — Porcelaines. — Études préliminaires. — Division géométrique des circonférences et des vases. — Application. — De l'outillage. — Les couleurs. — Décoration de la porcelaine dure. — Généralités. — Quelques mots sur la porcelaine tendre, les biscuits et la terre de pipe. — Porcelaine tendre. — De l'exécution. — Décalque. — Trait. — Mise en place des fonds et de la dorure. — Des fonds. — Des fonds au feu de moufle ordinaire sur porcelaine dure. — Généralités sur la peinture en porcelaine. — Grisailles et camaïeux. — De la décoration. — Leçon écrite. — Composition d'un plat de porcelaine. — Les divers modes de décoration des porcelaines. — La figure et le portrait. — Des figures décoratives et de l'ornement. — Du paysage. — La faïence. — De la décoration. — De la cuisson. — La barbotine. — Barbotine de porcelaine. — Sous couverte. — En imitation de peinture à l'huile. — Barbotine de terre peinte et vernie.

12° EN PRÉPARATION :

LE DESSIN

ET SES APPLICATIONS PRATIQUES

AUX TRAVAUX D'ART ET D'AGRÉMENT

LE CROQUIS DE ROUTE

ET LA POCHADE D'AQUARELLE

AUX SIX COULEURS FONDAMENTALES

Orné de 44 dessins dans le texte, d'après croquis d'artistes, et aquarelles originales deux planches en couleur, est un petit traité d'aquarelle sépecialement destiné aux touristes; la méthode, simplifiée et ramenée à l'emploi des six couleurs fondamentales, y est présentée d'une façon claire et précise. En l'étudiant un peu durant l'hiver, nul doute que l'amateur puisse rapporter d'excellents souvenirs de voyage. — Prix : 2 fr.

PETITE BIBLIOTHÈQUE ILLUSTRÉE

DE L'ENSEIGNEMENT PRATIQUE DES

BEAUX-ARTS

Publiée par et sous la direction de M. KARL ROBERT,
Officier de l'Instruction publique.

Prix du volume : 1 fr. 50

1re SÉRIE

POUR PARAÎTRE PROCHAINEMENT :

2e SÉRIE

3e SÉRIE

4e SÉRIE

9ᵉ Année   Nᵒ 1   Novembre 1892

REVUE PRATIQUE
DE L'ENSEIGNEMENT
DES BEAUX-ARTS

...TION & ADMINISTRATION :
...UE SAINT-AUGUSTIN
PARIS

ABONNEMENTS :
Paris et province.. 15 fr.
Union postale.... 16 fr.

Travaux d'Amateurs, Aquarelle et Gouache, Dessin et Fusain, Pastel et Peinture, Didactique scolaire, Programmes officiels, Céramique, Enluminure, Modelage et Barbotine, Fantaisies d'Art

...ministration ne peut répondre des manuscrits et dessins communiqués, mais tout dessin admis par la commission et publié, demeure la propriété de son auteur et lui sera retourné franco.

AU LECTEUR

...a Bibliothèque de l'enseignement pratique des Beaux-Arts, dont nous poursuivons la publica- ...chez notre éditeur Henri ...rens, et qui est actuellement à ...douzième volume, ne nous a ...demandé moins de vingt ...ées d'études et de recherches. ...cours de ce travail, que de ...uments remplis d'intérêt nous ...t passés sous les yeux, mais ...nous avons dû classer pour ...er dans le cadre méthodique ...chaque volume et, d'autre part, ...de questions utiles nous ont ...posées !

...'est afin d'y répondre, pour ...e part aux amateurs de tous ...documents, leur rappeler les ...dèles qui existent et les guider ...s l'art de les utiliser, les tenir ...courant de toutes publications ...velles en ce genre, et aussi ...mouvement artistique moderne, ...n leur donner chaque mois des ...ts d'études inédits, que nous ...reprenons aujourd'hui la publi- ...on de ce journal.

...Nous n'avons pas voulu nous ...cialiser, pour répondre à tous ...besoins, mais chaque branche

PANNEAU DE FUSAIN POUR ENTRE-DEUX

à exécuter sur 1 mètre 0; sur 0 j0 cent.
(Grandeur de l'original)

de l'art aura son interprète compétent qui traitera son sujet en *leçon écrite*.

Nous l'avouons sans crainte de paraître prétentieux, nous comptons sur un accueil bienveillant du public, car rien en ce genre n'a été fait jusqu'à ce jour.

Nous avons quelque raison de croire que cette publication, très modeste au début, pour être abordable non seulement aux amateurs, mais encore aux artistes qui propagent le goût des arts dans nos provinces, s'augmentera très rapidement, tant de texte que de dessins, et surtout par le numéro dit de Noël. Nous y résumerons l'année artistique, et donnerons *une planche en couleur* ajoutée à nos illustrations, reproduction en fac-simile absolu, soit d'une aquarelle, soit d'un *pastel*, voire même d'une peinture, grâce à la merveilleuse découverte de MM. Fournier et Guitten qui entre dans le domaine de la pratique et que nous serons les premiers à utiliser.

En résumé, nous nous efforcerons, par tous les moyens possibles, d'être à la hauteur de la tâche que nous nous imposons et, dans ce but, nous faisons appel à la collaboration de nos lecteurs eux-mêmes; à l'examen de ce numéro, pénétrant l'esprit du journal, ils voudront bien nous communiquer leur impression, comme aussi, dans la suite, les dessins et documents qu'ils jugeront devoir être profitables à tous.

LA RÉDACTION.

Paris, 1892.

CROQUIS A LA MINUTE
Par E. Goeri.
Collection Henri LACHENS

CAUSERIE DU DESSINATEUR

.... Oh ! non, madame, répondais-je un jour à une élève, je ne mets point le dessin au-dessus de tout. Je sais le charme de la poésie et de la musique, je comprends les plaisirs de la promenade au lac et du lawn-tennis, des parties de croquet sans fin, du théâtre et des soirées dansantes ; je connais tout cela, l'ayant beaucoup aimé ; mais enfin, il faut cependant l'avouer, tout cela passe et le dessin reste.

Dessinons donc un peu durant la jeunesse pour nous faire la main, nous initier, de façon que si, durant une période plus ou moins longue, nous avons été distraits du dessin par d'autres occupations ou d'autres plaisirs, nous puissions, dans l'âge mûr y revenir, ayant au moins franchi les premiers degrés de cet art, quoique les exercices du début ne soient ni bien ennuyeux, ni très difficiles.

Vous le voyez, cher lecteur, mon intention n'est pas de vous appeler à des travaux arides ni bien savants. Sans doute, mes collaborateurs vous initieront peu à peu aux connaissances nécessaires à la rectitude du dessin et, par là, vous formeront graduellement un jugement sûr, de

façon qu'en dehors même de ce que pourrez faire vous-même, vous p apprécier sainement les œuvres artistes contemporains, à quelque qu'ils appartiennent. Je me conte de vous distraire, certain que plu avancerons, plus vous aurez de même plaisir à vous perfectionner. en nos soirées d'hiver, crayonnon la lampe et, les jours de pluie, fu en grand sur le chevalet. Mais, me vous, par quels exercices comm Aux débutants, nous conseillero cahiers de la méthode Cassagne, p croquis d'Eug. Ciceri, de Clerget ; qui déjà ont quelque peu dessiné dirons : faites des croquis à main d'objets usuels, des bibelots qui votre salon, etc.

Ainsi, pour le croquis ci-dessus, de le dessiner à main levée, en p quelques mesures principales, si voulez ; puis recommencez sans aide, puis rendez-le de mémoire là un excellent exercice.

Pour le fusain de notre première qui est à interpréter en 1m 20 de nous vous recommanderons surt ne pas vous perdre dans l'exécuti détails, vous rappelant que plus un est grand, plus il doit être d'exé large. Il faut donc, au cours du vous reculer à chaque instant è porter à une fois et demie la hau votre fusain, soit à une distance de 3 2 mètres pour juger de l'effet de de l'ensemble.

Tenez votre ciel extrêmement neux. Je m'aperçois que l'auteur ici ses lignes d'eau d'une horizo parfaite ; rectifiez cela et, pour do blanc du tranchant de la boulette de pain, appuyez, si besoin est, coude sur le genou droit, cela es leur que l'emploi de l'appui-main.

Le fusain terminé, encadrez-le bordure de chêne clair avec douc ornement doré d'environ 8 à 10

KARL RO

AQUARELLE & GOUACHE

APPLICATION

MODÈLES D'ÉCRANS

COMPOSITIONS ET DESSINS
DE JANY ROBERT

*(Voir page 6 les dessins de grandeur
d'exécution*

Pour la coloration, se reporter au
Traité d'Aquarelle (figure, portrait et
genre), vol. II.

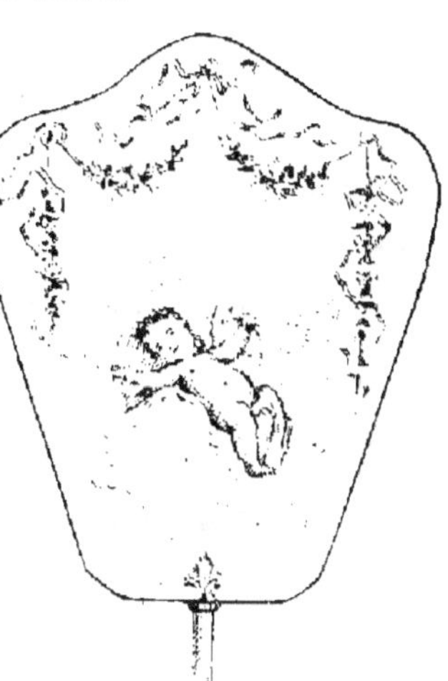

LA REVUE PRATIQUE

*met à la disposition de ses Lecteurs des Écrans de formes nouvelles
qui sont sa propriété exclusive*

CES MODÈLES PARAÎTRONT DANS LE NUMÉRO DE JANVIER 1893

COLORATION DES FLEURS
EN ALLANT DE GAUCHE A DROITE

Nos 1 Mauve.
2 Rose clair.
3 Jaune, cœur rose.
4 Jaune, cœur violet.
5 Rose.
6 Mauve foncé.
7 Rouge foncé.

Les feuilles des anémones seront vert foncé dans l'ombre et jaunes dans la lumière. Les feuilles de houx seront vert bleu, les plus foncées, bleu violet. Le paysage, gris bleu pour les fonds, gris violet pour les premiers plans, au coucher de soleil, jaune roux. Le fond de l'éventail sera gris bleu derrière les fleurs de droite, blanc sur tout le reste.

ÉVENTAIL — FLEURS & PAYSAGE
COMPOSITION ET DESSIN DE M. MARCEL COSSON

La **REVUE PRATIQUE** se propose de donner une large place aux études de paysage si intéressantes pour tous. Ces études comporteront : 1º des croquis et dessins des principaux artistes de Paris dont elle s'est assuré le concours ; 2º des études de morceaux, de feuillé, d'ensemble, des documents photographiques. On ne le dira jamais assez, l'arbre c'est l'académie du paysage et il n'est pas plus indifférent, croyons-nous, d'étudier la forme d'une feuille de chêne, une branche légère, un groupe, enfin la structure de l'arbre même, que la main, le bras, le torse d'un antique ou de la nature humaine. La *Revue* donnera donc l'iconographie de chaque arbre, avec tout le développement que comporte un tel sujet qui n'a jamais été traité d'une façon complète, multipliant les exemples en une quantité de dessins partiels et donnant leur application à des œuvres d'ensemble, puisées parmi les maîtres de toutes les écoles paysagistes tant anciennes que modernes, et aussi dans des compositions nouvelles et complètement inédites.

Est-ce à dire pour cela que le paysage empiétera sur le reste de notre programme ? Point. Chaque art sera suivi jusqu'à épuisement du sujet traité. En plus, la *Revue* tiendra au courant de toutes les applications nouvelles connues sous le nom de petits arts d'imitation ou arts d'amateur, tels que photominiature, émaillage-athénien, céramique orientale, compositions ornementales pour les travaux de dames, etc..., s'efforçant ainsi de répondre à ce besoin de documents nouveaux, si nécessaires aux amateurs, et aussi aux professeurs éloignés de Paris, qui ont eux-mêmes à satisfaire aux demandes de leurs élèves.

La **REVUE PRATIQUE**, dont ce spécimen est une exacte reproduction au quart, étant de format in-4º raisin (25 × 33 cent.), donne donc des modèles de dimension suffisante pour que les détails de l'exécution y soient précis et bien intelligibles lorsque ces modèles doivent encore être agrandis par l'amateur. Enfin, pour les applications, nous donnerons presque toujours, surtout lorsqu'elles comporteront de la figure, le motif principal, de grandeur, afin qu'on puisse en exécuter le report sans difficulté, ainsi qu'on peut le voir pour les deux modèles d'écrans de la page 5 ci-contre, dont les amours ont été donnés de la grandeur d'exécution à la page 6.

DOCUMENTS A UTILISER

AMOURS, D'APRÈS BOUCHER
à reporter en grandeur pour l'exécution des écrans (page 3).

LE VERNIS MARTIN

Bien qu'on sache peu de choses sur les origines et l'histoire du Vernis Martin, M. A. de Champeaux, dans son remarquable ouvrage sur *Le Meuble*, l'a résumée ainsi : « Une branche spéciale de l'art a pris naissance en France pendant le XVIIIᵉ siècle, et ne lui a pas survécu. Nous voulons parler des vernis découverts par Martin, afin d'affranchir notre pays du tribut payé à l'extrême Orient pour ses laques si recherchées des amateurs du temps. Ce n'était pas à proprement parler une invention nouvelle, car dès les premières années du règne de Louis XIV, on constate des tentatives faites pour imiter les vernis du Japon. Les inventaires dressés à la mort de ce monarque décrivent une telle quantité de cabinets et de meubles enrichis de laque qu'il faut bien admettre que tous n'avaient pas été importés par le commerce, et qu'une bonne partie avait été fabriquée en France. On sait également que le fameux Huygens avait appliqué le vernissage à la tabletterie et aux pâtes moulées. Il existe de nombreux panneaux enrichis de peintures exécutées sur fond d'or et vernies, pour la décoration des appartements et même du mobilier ; mais ce ne sont pas encore de véritables vernis destinés à rappeler les produits orientaux...

MODÈLE DE BOITE A TIMBRES-POSTE
à exécuter sur fond d'or et de grandeur.

Puis, après avoir expliqué comment les Martin avaient eu des précurseurs en les frères Audran, Le Roy, Langlois père et fils, Louis le Hongre, etc... « La famille des Martin, dit-il, sur laquelle il reste beaucoup à apprendre, était sortie du faubourg Saint-Antoine. Etienne Martin, tailleur d'habits, époux de Claude Glau, devint le père de quatre fils, Guillaume, Simon-Etienne, Julien et Robert, qui furent tous maîtres vernisseurs. Comme les artistes que nous avons cités, les Martin se proposaient simplement d'imiter les laques de Chine. C'est en travaillant à surprendre les procédés orientaux, qu'ils découvrirent la composition nouvelle, qui obtint immédiatement une vogue inouïe. Ils l'appliquèrent d'abord à la décoration des carosses et des chaises à porteurs ; mais

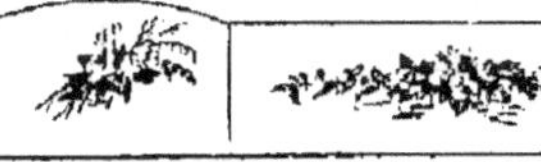

Côtés de la boîte à timbres-poste.

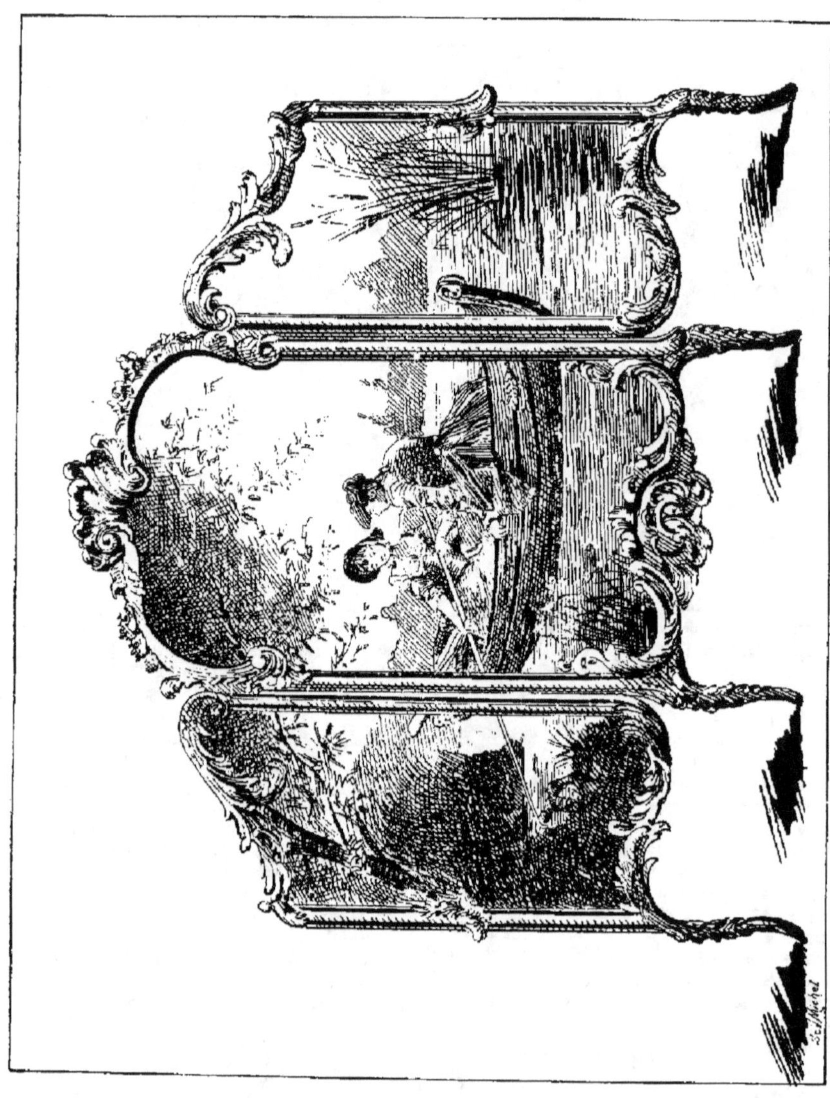

PARAVENT LOUIS XV EN VERNIS MARTIN

Composition et dessin de Le Riverend. — Monture bois sculpté et doré de Majorelle de Nancy

DIDACTIQUE SCOLAIRE

La **REVUE PRATIQUE** a pour but de distraire en instruisant : On ne s'étonnera donc pas que nous ayons fait place à l'Enseignement scolaire, car il n'est pas une famille aujourd'hui où la jeune fille, tout en s'occupant d'arts d'agrément, ne songe à passer ces examens de fin d'études qui sont une consécration, une satisfaction pour tous.

Les méthodes d'enseignement du dessin exigible à ces examens sont si variées, que souvent les professeurs éloignés de Paris se perdent à ces ouvrages nouveaux qui paraissent chaque année à la rentrée des classes. C'est ce qu'a très bien compris notre collaborateur M. G. Morel, professeur à l'Ecole des Beaux-Arts de Rouen, dont la « *méthode rationnelle et la perspective basée sur l'observation des objets usuels* » nous a semblé destinée à condenser et centraliser pour ainsi dire toutes les autres.

M. A. Keller, professeur à l'Ecole normale d'Auteuil, a bien voulu se charger d'une partie de notre programme de Didactique scolaire. Il traitera des questions de l'enseignement supérieur, de l'histoire de l'art, etc...,

en d'excellents « *conseils aux candidats* », et nous donnera quelques études comparatives sur l'enseignement du dessin à l'étranger. Ces questions nous paraissent éminemment intéressantes pour le corps enseignant comme aussi pour les amateurs, car la *Revue pratique* s'adresse à tous, elle est essentiellement un journal de famille.

Bien que l'Enluminure ne se rattache qu'indirectement et par son côté sérieux et savant à la Didactique scolaire, nous sommes assurés que M. le professeur L.-A. Foucher, par ses connaissances approfondies, résultat de longues études, saura guider nos lecteurs dans cet art appelé, croyons-nous, à reprendre la place qu'il n'aurait jamais dû perdre.

Enfin nous traiterons d'une façon toute spéciale de l'Art Décoratif, tel qu'il est enseigné dans les écoles professionnelles de Paris, afin de guider le lecteur et de lui apprendre à composer non seulement à l'aide des documents anciens, mais encore avec les éléments naturels tels que la fleur, les plantes, les oiseaux, etc.

ART DÉCORATIF

CÉRAMIQUE

SERVICE A THÉ EN PORCELAINE

D'un genre Saxe de style Louis XV, par Ed. Limenis

[légende en partie illisible] — Couleurs et reflets de Limoges.

CÉRAMIQUE DÉCORATIVE DE PARVILLE

DESSOUS DE PLAT FANTAISIE
PAR MARCEL CONTAL

Palette d'émaux transparents ou couvertes colorées ou bien avec les couleurs [illisible] vitrifiables.

EXÉCUTION. — [Tout le] dessin, après avoir été agrandi d'abord sur papier, puis [mis en] carreaux, sera calqué, puis, et avant d'y appliquer et ensuite redessiné à nouveau à l'aide d'une pâte spéciale employée un peu consistante et qu'on appelle *engobe*, elle devra former cloison et atteindre au moins 2 millimètres d'épaisseur. Ce travail fait, on remplira les cases formées par ce trait d'engobe, des couleurs suivantes, employées en même épaisseur.

FOND : Bleu turquoise additionné de jaune pâle vers le milieu, et terminé, en bas, en bleu turquoise mêlé de vert émeraude.

SOLEIL. Jaune d'or en haut, mélangé, en bas, de jaune pâle.

NUAGES : Sur le ciel, jaune pâle mêlé de blanc ; sur le soleil, blanc pur.

FLEURS : Lumière, violet mélangé de beaucoup de blanc ; ombres, violet, azur, brun dégradé et jaune d'or.

NÉNUPHAR : Lumière, blanc pur, ombres, blanc et vert jaune, cœur, jaune d'or.

FEUILLE DE NÉNUPHAR : Vert jaune.

GRENOUILLE : Ventre blanc, demi-teintes blanc et vert jaune mêlés ; ombres, brun pur.

DESSOUS DE PLAT FANTAISIE

à exécuter sur faïence demi-grès de Gien, de Montereau ou de Longwy.

Enluminure

Miniature des Manuscrits — Calligraphie ancienne — Art héraldique

Introduction au cours pratique d'enluminure de style,
par M. L.-A. Foucher, professeur.

En ces dernières années, quelques ouvrages spéciaux sur l'enluminure ont contribué à faire sortir de l'oubli cet art si brillant qui illumina tout le moyen-âge, et dont les peintures décoratives des églises et, des palais, les orfévreries, les émaux et les vitraux ne furent, à bien dire, que les applications.

Mais l'enluminure, à notre époque, n'est point dans les beaux-arts au rang qu'elle devrait occuper. Excepté par un nombre trop restreint d'artistes et d'archéologues, l'enluminure n'est pas considérée aujourd'hui comme un art dans toute l'acception du mot, mais seulement comme un petit talent d'agrément pour dames et jeunes filles, un passe-temps

Bordure tirée d'un manuscrit
du xve siècle.

marchant de pair avec la barbotine, le photo-émail, le coloris et autres travaux suscités par la mode et éphémères comme elle.

Il ne faut cependant pas oublier que l'enluminure est un art véritable dont l'origine est très ancienne, un art connu et pratiqué dès la plus haute antiquité ; elle fut à son apogée, en Occident, aux beaux siècles du moyen-âge et surtout du xiie au xve siècle.

Nul ne nous contestera que ce fut la foi chrétienne, inspiratrice de ces temps, qui, si elle ne la créa pas, du moins la perfectionna, en même temps que l'architecture, par ce même souffle qui produisit alors tant de chefs-d'œuvre, et qui lança dans les airs les voûtes et les flèches de nos cathédrales.

A notre époque, Violet-le-Duc a beaucoup fait pour la renaissance de cette architecture du moyen-âge, que l'école romantique avait déjà commencé à sortir de l'oubli dédaigneux où elle dormait depuis trois cents ans.

Après l'architecture, la peinture moyen-âge, à son tour doit renaître ; elle doit surtout s'imposer et régner par les chefs-d'œuvre des maîtres de l'époque, c'est-à-dire par les enluminures et miniatures des manuscrits. Il nous faut donc faire pour cet art ce que Violet-le-Duc fit pour l'architecture du moyen-âge.

Mais ce n'est pas sans de grandes difficultés que l'on arrive à triompher de la routine et à former le goût de ses contemporains ; ces merveilles de l'architecture du moyen-âge, dès qu'elles sont signalées, s'imposent d'elles-mêmes et parlent aux foules par leurs masses, sans qu'il soit nécessaire, comme pour les enluminures, d'aller les découvrir sur les feuillets des manuscrits, dans l'ombre des bibliothèques.

Notre but sera, entre autres, de nous charger de cette tâche ; de signaler et de mettre sous les yeux de nos lecteurs les spécimens des différents styles, et surtout d'indiquer les moyens pratiques de les interpréter en conservant bien leur caractère d'époque, et cela d'après les procédés prétendus inimitables que nous ont laissés les maîtres de ce temps et que nos études spéciales nous ont rendus familiers.

L.-A. FOUCHER.

Nous avons intercalé, aujourd'hui, trois spécimens du très intéressant ouvrage de M. A. Lalette, les Manuscrits et l'art de les orner, publié tout récemment à Paris, par A. Mendel, éditeur. Autant que possible, nos dessins d'enluminure seront toujours pris dans le texte et choisis selon les appréciations du professeur.
(NOTE DE LA RÉDACTION.)

EN TOURISTE

Partir en vrai touriste sans autre bagages qu'une serviette et un album (un Robens, bien entendu), voilà l'idéal pour une tournée

de Lorraine et des Vosges. Ce n'est pas toujours commode, mais c'est l'absence de soucis et, à sac plein, c'est le plus gai. Donc, cher maître et ami, je veux vous narrer mon voyage prochainement mouillé, mais qui cependant m'a permis de rapporter une ample provision de croquis dont, j'espère, vous serez satisfait. Parti le ce au soir, après un arrêt d'une heure à Verdun, vers trois heures du matin, où j'assistai au réveil d'une ville de garnison et vis défiler sous une pluie battante, musique en tête, se rendant à leur poste pour la revue, de belles troupes ... en pleine fête à Etain. On comme très commerçante, jouit ... de nos villes alsaciennes et ... provinces, et peu intéressante au point de vue pittoresque. La ville du XVIe siècle offre cependant à remarquer sous les restaurations maladroites qui en ont perdu le caractère. Un vieux château, à peu près de la même époque, avec sa vieille tourelle à la lorraine, aujourd'hui modeste pigeonnier, complète l'intérêt historique d'Etain, car si, se fiant aux guides, on se dirige vers la maison commune, on est désenchanté par le peu d'intérêt qu'elle présente; aussi je file dans la campagne environnante, formée d'immenses plaines ne réservant rien à l'artiste et, ceci constaté, je reprends mon train jusqu'à Conflans.

Conflans. Des environs bien propres, de pittoresques architectural, point, mais une petite rivière qui près l'Orn, toute bordée de saules et de peupliers, fait songer au bois du Chapitre à Nancy, à chaque

détour, un joli motif à dessin qui se dessine de lui-même. Hélas! il faut un train omnibus pour aller à Briey; mais, cher maître, la jolie ville, et vraiment lorraine, plus belle cent fois pour l'artiste que Nancy, la belle capitale. Figurez-vous une gorge en creux entre deux collines formant la rue principale de la ville, et descendant elle-même presqu'à pic, de telle sorte que les voitures ne peuvent y monter, et que l'on se hisse au faîte avec grande fatigue par les chaleurs de juillet. A droite et à gauche les maisons s'étagent et, au sommet, un vieux château délabré domine la ville en silhouette sur le soleil levant. Point de monuments, mais du pittoresque partout. Vieilles maisons lorraines, rues montueuses et tortillardes; dans le bas, un ruisseau caillouteux au gai murmure avec son vieux moulin si pittoresque que je m'arrête là près d'une heure pour le croquer aussi serré que possible.

(A suivre.)   E. L

ALAIS DES CHAMPS-ÉLYSÉES

osition des Arts de la femme.

as voulons seulement aujourd'hui jeter
up d'œil rétrospectif sur cette exposi-
rganisée par les soins de l'*Union cen-
es arts décoratifs* sous ce titre vérita-
attirant de : *Arts de la femme.* Un de
mis me demandait, le jour de l'ouver-
pourquoi tant de meubles, de bronzes,
isseries, etc... tous arts décoratifs qui
mblent pas, au premier abord, répondre
exactement à ce programme: — Mais
i répondis-je, tout cela concerne la
e, bien plus particulièrement que
me. N'est-ce pas elle qui préside à
ablement, et à la décoration intérieure
s maisons. Soyez assuré qu'elle y
e un goût plus délicat, une recherche
patiente et ne se détermine jamais d'une
plus hâtive à décider du choix des ten-
et des meubles avec lesquels il lui fau-
ivre de longues années. En effet, si la
rt des femmes aime la variété dans les
ments de la toilette, ce qui est fort
el, le plus grand nombre s'attache aux
s de l'ameublement et n'aime point à en
ger ; c'est, en effet, ce qui constitue vrai-
le *home*, à tel point que beaucoup de
légantes emportent à la mer et dans nos
ns thermales telles tentures, guéridons
petits meubles d'art et de luxe,
es, etc., pour donner au loin la sensa-
ou tout au moins l'illusion du chez soi.
it donc fort naturel de grouper en cette
sition tout ce qui concerne les tentures
ameublement. Le pourtour du grand
était donc occupé par nos principales
ns du meuble et de la tapisserie. Au
re, dans des pavillons séparés, les indus-
d'art, costumes ou autres, et nous avons
culièrement remarqué le Journal de mode
la Maison Hachette, l'exposition de
ntailliste Ahrweiler, où est exposée une
sante composition peinte par Denzel,
drée d'une dentelle blanche dont l'orne-
tation est appropriée au sujet et suit le
n de l'artiste. Très intéressante l'exposi-
de Mme Hortense Richard. Aussi celle de
e Bassegrange, avec une série de modèles
veaux pour ses peintures sur tissus, tapis-
s à la main et fleurs modelées pour
s en terre cuite à peindre en barbotine.
u premier étage par l'escalier du fond, à
te, on pénétrait dans la salle réservée à
toire de la coiffure, et qui n'était pas la
ns intéressante de cette exposition. Nous
ns tout particulièrement remarqué cette
période Louis XVI et de la Révolution,
semblait le plus captiver les regards du
lic. Sitôt le second jour, cette salle a été

fermée, pour cause de remaniements et modi-
fications, lesquels ont donné des résultats plus
heureux encore.

L'exposition rétrospective eut demandé
aussi à être examinée en détail, car il y avait là
de nombreux portraits de femmes, prêtés par
des amateurs, et par conséquent peu connus,
et des gravures anciennes, voire même toute
une série de caricatures du commencement
de ce siècle, aujourd'hui fort recherchées.
Jetant également un trop rapide coup d'œil
sur l'exposition de peintures, aquarelles et
dessins, exclusivement dus au talent féminin,
mais nous avons constaté à regret que, sauf les
deux ravissants portraits d'enfants de Louise
Mercier et les merveilleuses miniatures de
Jeanne Contal qu'on revoit toujours avec
intérêt, il y avait là peu d'œuvres nouvelles,
toutes ayant été plus ou moins vues au Salon
ou à l'exposition de l'Union des femmes.

Nous avons pris bonne note de tout ce qui
peut intéresser nos lecteurs et nos lectrices et
donnerons ultérieurement le détail des nou-
veautés artistiques qui ont paru à cette exposition très spéciale et qui fit grand honneur à
ses organisateurs.

EXPOSITION UNIVERSELLE DE CHICAGO

(SECTION DES BEAUX-ARTS)

EXTRAIT DU RÈGLEMENT

*Nous rappelons les principaux articles du
règlement officiel de l'Exposition de Chicago.*

ART. 6.

Les artistes dont les œuvres n'auraient
pas été admises d'office, ou qui auraient
à présenter d'autres œuvres, devront les
déposer du 21 au 30 novembre 1892, au
palais des Champs-Élysées, porte 9, pour
y être examinées par le jury.

ART. 7.

L'administration prend à sa charge les
frais d'emballage et de transport.

ART. 9.

Aucun ouvrage ne sera reproduit sans
l'autorisation écrite de l'auteur, contre-
signée par le chef du département des
Beaux-Arts.

ART. 10.

Les récompenses seront votées par un
jury international. Les jurés français seront
désignés par le Ministre de l'Instruction
publique et des Beaux-Arts.

ART. 11.

Le Commissaire général de la section
des Beaux-Arts et des Arts libéraux est
chargé de l'exécution du présent règlement.

NOUVELLES & INFORMATIONS

— Par arrêté du préfet de la Seine, il est
ouvert, entre tous les architectes français, un
concours public pour la rédaction d'un avant-
projet de construction de l'hôpital Boucicaut,
à édifier dans un terrain sis rues de Vouillé,
de Lourmel et des Cévennes. Les clauses et
conditions de ce concours sont déterminées
dans le programme annexé à l'arrêté.

Le concours sera clos le 31 janvier 1893.

— Le Journal la « *PHOTO-REVUE* » met
au concours les trois questions suivantes, *d'intérêt général* pour les amateurs de photographie
et les professionnels :

1° *Quelle est la meilleure marque de plaques
à employer, aussi bien pour la pose que pour
l'instantané?*

2° *À quoi reconnaît-on qu'un cliché est suffisamment développé?*

3° *Quel est le meilleur virage?*

Le côté scientifique et utilitaire de ces concours n'échappera à personne, et nous enga-
geons nos lecteurs à demander les conditions
à l'administration du journal la « *PHOTO-
REVUE* », 118, rue d'Assas, à Paris.

Des primes en espèces et en nature seront
réservées aux lauréats dont les travaux seront
publiés.

CORRESPONDANCE

Mlle Amélie M., à Amiens. — On employait
autrefois l'alun qui, mêlé à l'eau et à la
gouache, donnait déjà de bons résultats pour
retenir les couleurs sur les étoffes quelles
qu'elles fussent. Aujourd'hui, le fixatif Vibert
pour aquarelle a remplacé l'alun et donne
des résultats meilleurs encore, en particulier
sur la soie.

M. Raphaël S., à Angers. — Vous obtenez
difficilement des enlevés au grattoir, parce
que votre fond noir n'est pas assez franchement posé, et puis le papier dont vous m'avez
adressé un échantillon est beaucoup trop
lisse, il ne retient pas le fusain.

Mme de B., à Rouen. — Évidemment vous
pouvez tirer un excellent parti de la Pyro-
gravure, mais il ne faut pas aller à l'aveuglette :
cherchez un dessin simple sur papier, et
lorsque votre modèle sera bien arrêté, répor-
tez-en le dessin sur votre panneau avant de
commencer à promener le pyrocrayon.

M. B., professeur de dessin, à Philippeville.
— Nous vous adressons les programmes officiels et vous tiendrons au courant des modi-
fications qui pourront y être apportées, comme
aussi des époques de concours.

Mlle Julie de P., à Bordeaux. — Nous
publierons très prochainement un article
didactique sur le procédé le plus pratique de
reporter les dessins sur canevas, ainsi que
d'autres documents sur les tapisseries à la
main.

Le Gérant, G. MEUSNIER.

MAISON PASCAL FRÈRES, IMPRIMEURS.

*Imprimé avec les encres de la maison LEFRANC et Cⁱᵉ
(..., rue de Sèvres).*

2re Année — Novembre 1892   **Prix du N° : 1 fr. 50**   Tome I —

REVUE PRATIQUE

DE L'ENSEIGNEMENT

DES BEAUX-ARTS

(Format in-4° raisin (25 × 33)

Paraissant le premier de chaque mois

ET PUBLIÉE SOUS LA DIRECTION DE

M. KARL ROBERT

Officier de l'Instruction publique

AVEC LE CONCOURS DE MM.

A. KELLER

Professeur à l'École normale d'Auteuil,
Officier de l'Instruction publique

G. MOREL

Professeur à l'École des Beaux-Arts
de Rouen

ET DES PRINCIPAUX ARTISTES DE PARIS

TEXTE & DESSINS

Comprenant tous Documents utiles aux différents genres de Dessin et de Peinture, savoir

PEINTURE A L'HUILE ET SES APPLICATIONS SUR ÉTOFFES
CÉRAMIQUE D'IMITATION DITE « BARBOTINE A FROID »
VERNIS MARTIN, ETC.
AQUARELLE ET MINIATURE
IMITATION DES TAPISSERIES ANCIENNES
FLEURS ET PEINTURE DE FLEURS
APPLICATIONS DÉCORATIVES

PASTEL ET GOUACHE
ENLUMINURES DE STYLE ET ENLUMINURES MODERNES
DESSINS AU FUSAIN, CROQUIS RAPIDES
DESSINS POUR PROCÉDÉS DE REPRODUCTION, ETC.
OUVRAGES DE DAMES
FANTAISIES SE RATTACHANT AUX « ARTS DE LA FEMME »
TRAVAUX D'AMATEURS

ENSEIGNEMENT SCOLAIRE DU DESSIN

PROGRAMMES ET CONCOURS

PRIX DE L'ABONNEMENT :

Paris et départements : **15** francs. — Union postale : **18** francs.

ON SOUSCRIT AUX BUREAUX DE L'ADMINISTRATION

27, RUE SAINT-AUGUSTIN, PARIS

EN VENTE

FIXATIF MEUSNIER

Le FIXATIF MEUSNIER, absolument incolore, est le seul qui fixe les dessins et fusains d'une manière complètement inaltérable. — Il s'applique également à la fixation directe et indirecte.

Le litre.....	8	ʌ
Le flacon de 400 grammes	4	ʋ
— 150 —	1	50
— 75 —	ʋ	75
— 50 —	»	50

FUSAIN DES ARTISTES (R. G. M.)

1° *Décorateur*, belle qualité, en forts bâtonnets de 17 cent. de long., la boîte................	1	50
2° *Fusain des Artistes R. G. M.*, velouté noir, la boîte	1	50
3° *La Mignonnette*, même qualité, très fin ... ... —	1	50
4° *Vénitien naturel*, velouté noir et ferme........ —	1	50
5° *Bois noir naturel*, velouté noir et doux.. .. .. —	1	50
6° *Saule trié* ... . —	1	50

Tous nos fusains, extra et de première qualité, sont livrés en boîtes blanches glacées, à filet d'or, et portent la marque : FUSAIN DES ARTISTES R. G. M.

Nota. — Ces marques et désignations : *Fusain des artistes R. G. M.* et *Mignonnette*, sont propriétés exclusives; elles ont été déposées conformément à la loi. Tout contrefacteur sera rigoureusement poursuivi.